はじめてでも迷わない

Midjourney（ミッドジャーニー）のきほん

デザインに差がつく
画像生成AI活用術

r　介 著

インプレス

PROFILE

mikimiki web school

扇田美紀（おうぎだ みき）

株式会社 Ririan&Co. 代表

Webデザイナー／ YouTuber

1985年福岡県生まれ。Webデザイン、SNSマーケティング、AIコンサルティングを行う株式会社Ririan&Co.の代表を務める。AIやデザインなどの情報を発信する登録者19万人のYouTubeチャンネル「mikimiki web school」や、オンラインスクール「Ririan School」などを運営。2021年には、オンラインデザインツール「Canva」の日本初のCanva Expert（公式アンバサダー）に就任。ChatGPTやMidjourney、Canvaをはじめとした講演や取材に多数出演している。著書に『新世代Illustrator超入門』（ソシム）。

▶ Web サイト
https://mikimiki1021.com/

福岡真之介（ふくおか しんのすけ）

西村あさひ法律事務所・外国法共同事業パートナー弁護士、および米ニューヨーク州弁護士。1996年、東京大学法学部卒業。1998年、司法修習修了。著書に『AIプロファイリングの法律問題』（商事法務）、『生成AIの法的リスクと対策』（日経BP）など。

INTRODUCTION

『はじめてでも迷わないMidjourneyのきほん』へようこそ。
この本は、あなたのクリエイティブな旅の新しい始まりです！

Midjourneyは「プロンプト」と呼ばれる文章を入力することで、クオリティの高い画像を一瞬で生成できる魔法のような生成AIツールです。私はこれまでWebデザインのフィールドで働いてきましたが、Midjourneyと出会い、そこから生成された画像を見た途端、そのクオリティの高さに息を飲みました。短いプロンプトを入れただけで、クオリティの高い画像を生成できるなんて！「デザインの仕事がなくなってしまうかも……」と本気で焦ったほどです。

Midjourneyを使えば、イラストを上手に描くことができない人、Webデザインの知識がない人など、どのような人でも簡単にプロのデザイナーに匹敵するクオリティの画像を生成できます。また、専門的なノウハウを持たない人でも簡単に扱えるので、今後デザインの世界を根本から変えるポテンシャルを秘めており、デザイン革命の火付け役となると確信しています。

生成した画像は、Webサイトのコンテンツ、マーケティング資料のパーツ、SNSやYouTube投稿用のサムネイル、バナーデザイン、プリント商品など、多岐にわたる分野で活用できます。この本では生成した画像をどのように活用していくのかを、実際のビジネスシーンやデザインを必要とする場面に当てはめて、さまざまなパターンで紹介していきます。

Midjourneyで生成した画像はビジネスシーンにとどまらず、アート、エンターテインメント、教育といった多くの分野においても、革新をもたらすことが期待されています。「AIを使った画像生成って難しそう」「私にも本当にできるの？」と感じているかもしれませんが、安心してください。

この本では、Midjourneyのきほんの「き」から細かく、わかりやすく、一歩一歩、あなたを導いていきます。ページをめくるごとにスキルを積み重ね、この本を読み終える頃には、あなたもMidjourneyマスターとして、さまざまな画像を自由自在に生成できるようになっていることでしょう。

何かを始めるときは、とても勇気が必要ですよね。この本があなたのスキルアップの新しい扉を開く手助けとなることを願っています。さあ、一緒にMidjourneyについて学んでいきましょう！

2023年10月　mikimiki web school

CONTENTS

CHAPTER 02
Midjourneyを導入する

CHAPTER 03
Midjourneyの基本を学ぶ

CONTENTS

CHAPTER 04

Midjourneyの使いこなしを学ぶ

実践編

CHAPTER 05

ビジネス資料用の画像を生成する

CHAPTER 06

バナー用の画像を生成する

CHAPTER 07

Webデザイン用の画像を生成する

CHAPTER 08

サムネイル用の画像を生成する

CHAPTER 09

メルマガ用の画像を生成する

CONTENTS

CHAPTER 10
生成した画像を加工する

CHAPTER 11
基本のプロンプト集

CHAPTER 12
プラグインを活用する

CHAPTER 13
画像生成AIと著作権

HOW TO USE THIS BOOK

特典ファイルのダウンロード方法

Midjourneyでよく使われるプロンプトをまとめた「定番プロンプト集」のPDFファイルを、読者特典として提供いたします。特典は、インプレスブックスのページにある［特典］からダウンロードできます。

https://book.impress.co.jp/books/1123101062

※ダウンロードにはClub Impressへの会員登録（無料）が必要です。

読者対象

本書は次のような方に活用していただけるように制作しました。

- 画像生成AIを初めて使う方
- 企画書などのビジネス資料で使う人物や商品のイメージ画像を生成したい方
- Webサイトで使うダミー画像や各種素材を生成したいデザイナーの方
- チラシやプリントで使う挿絵を生成したい飲食店や町会・自治会の方

紙面で掲載しているパーツについて

プロンプト

a photograph,
instagram japanese model
--ar 16:9 --q 1

画像を生成する際に利用したプロンプトを記載しています。

cat ｜猫

プロンプトを表すパーツです。

banana ｜バナナ

ネガティブプロンプトを表すパーツです。

--ar 16:9

パラメーターを表すパーツです。

基礎編

CHAPTER 01

Midjourneyについて学ぶ

画像生成AIツール「Midjourney」の概要と、
料金プランについて学びましょう。

基礎編

LESSON 01

Midjourneyの特徴と関連ツール

#特徴
#画像生成AI
#Discord

Midjourney（ミッドジャーニー）の概要と、他の画像生成AIにはない特徴を理解しましょう。また、利用開始前に知っておきたい関連ツールも紹介します。

Midjourneyの特徴

Midjourneyは、ユーザーが入力した指示文（プロンプト）に基づいてAIが画像を生成する、米国発の画像生成AIツールです。デビッド・ホルツ氏が設立した研究チームによって開発され、2022年7月にオープンベータ版の提供が開始されました。

生成AI（ジェネレーティブAI）としては、人間と対話するようにテキストを生成できる「ChatGPT」が人気の火付け役となりましたが、画像生成AIであるMidjourneyも、瞬く間に注目を集めました。Midjourneyでは、まるでカメラで撮影したようにリアルな人物や風景の画像、多彩なタッチのアート作品やイラストをわずか十数秒で生成できますが、そのクオリティの高さに世界中の人々が驚嘆したのです。

画像生成AIとしては、Midjourney以外にも「Stable Diffusion」（ステイブル・ディフュージョン）やOpenAIの「DALL-E3」（ダリ・スリー）、「Adobe Firefly」（アドビ・ファイアフライ）といったツールが登場しており、同様に世間を賑わせています。いずれも生成画像のクオリティは高く、この点で優劣を付けることは難しいですが、利用の手軽さという点では、ChatGPT上で生成が可能なDALL-E3やMidjourneyにアドバンテージがあります。

例えば、Stable Diffusionは基本的にパソコン上（ローカル環境）で実行するツールであるため、プログラミング言語の「Python」で実行環境を構築する知識と、生成時の処理に耐えるハイスペックなパソコンが必要になります。一方、Midjourneyは「Discord」（ディスコード）と呼ばれるチャットアプリを通じて、サーバー上で画像を生成します。専用アプリのダウンロードや、ハイスペックなパソコンは必要ありません。

画像やイラストを高いクオリティで生成できるにもかかわらず、一般的な性能のパソコンでも手軽に利用できる。それがMidjourneyの最大の特徴です。ビジネス資料用のイメージ写真、SNS投稿用のイラストなど、私たちの仕事や趣味の場面で頻繁に必要になる画像を、手元のパソコンで効率よく作成するために最適なツールだといえるでしょう。

Midjourneyのバージョンごとの進化

Midjourneyの画像生成クオリティはバージョンごとに大きな進化を遂げており、特にバージョン5（V5）以降での品質向上は目覚ましいものがあります。以下の画像は a photograph｜写真 long shot｜ロングショット businesswoman walking down a busy street｜賑やかな通りを歩くビジネスウーマン blue color palette｜青色 --ar 16:9｜16:9のアスペクト比 というプロンプトで、V5.2、V5.1、V5.0での生成結果を並べたものです。いずれもフォトリアルな画像として一定のクオリティが保たれていますが、バージョンが新しいほど、洗練されたものになっているのがわかります。

▶▶▶ Midjourney のバージョンによる生成結果の違い

左からV5.2、V5.1、V5.0での生成結果

やや極端な例ではありますが、以下の画像はMidjourney V4時点での生成例です。女性の手元をよく見ると、指の本数が6本以上になってしまっています。以前はこうした明らかに不自然な点がありましたが、最近のバージョンで見かけることはほぼなくなりました。

▶▶▶ Midjourney V4 での生成例

女性の指が6本以上になってしまっている

さらに、バージョンを追うごとにプロンプトの理解度も大幅に上がり、指示を認識する範囲と精度が増しています。本書執筆時点での最新版であるV5.2では、過去最高の画質と解像度で細部まで描き込むことができ、短いプロンプトでもユーザーの意図に忠実な画像生成が可能になっています。以下の表は、Midjourneyの画像の画質・解像度とプロンプトの理解度における進化をおおまかにまとめたものです。

図表01-1 **Midjourneyの進化**

バージョン	V5.2	V5.1	V5.0
画質・解像度	過去最高の画質と解像度。輪郭がくっきりとし、細部まで描かれる	V5.0と比べて、描かれたイメージがより精密になった	V4以前と比べて、よりフォトリアルな画像を生成できる
プロンプトの理解度	最も文脈の理解に優れており、短いプロンプトでも忠実な画像生成が可能	単純で短いプロンプトでも、忠実な画像生成が可能	指示に忠実な画像を作るには、長いプロンプトの入力が必要

Midjourneyと関連ツール

Midjourneyを利用するうえで、最初に知っておきたい関連ツールが2つあります。1つは前述したDiscordで、主にゲームを楽しむユーザーの間で人気のチャットツールです。

Midjourneyでの画像生成は、Discord上にあるMidjourneyのサーバーに参加し、特定のコマンドに続いてプロンプトを入力することで行います。Discordのインストール方法、コマンドやプロンプトの入力方法については、CHAPTER 02〜03で詳しく解説します。

もう1つは「にじジャーニー」です。これはMidjourneyをもとに開発された画像生成AIで、アニメ・マンガ風のイラストの生成に特化しています。Midjourneyと同じくDiscord上でプロンプトを入力して画像を生成する仕組みで、Midjourneyの料金内で利用できます。以下の画像が、にじジャーニーでの生成例です。これらのような画像生成を試したい場合は、にじジャーニーを活用しましょう。LESSON 15も参照してください。

▶▶▶にじジャーニーでの生成例

「a girl wearing uniform, standing in a city of the future, sunny day」というプロンプトでの生成例。にじジャーニーはアニメ・マンガ風のイラスト生成が得意

LESSON 02

Midjourneyの料金プラン

#料金プラン
#機能

Midjourneyには4つの料金プランがあり、月契約・年契約での料金のほか、利用できる機能が異なっています。プランの一覧と機能の差異について解説します。

料金プランの種類

本書執筆時点において、Midjourneyは有料プランでのみ利用できます。過去には無料のトライアルプランが用意されていましたが、アクセス過多などを理由に、現在では停止されています。

よって、Midjourneyをお試しで利用したい場合、最安かつ最短で解約可能な「ベーシックプラン」が選択肢となります。月額10ドル（約1,500円）の料金はかかりますが、ひとまずベーシックプランを契約して使ってみて、好みに合わなければ解約するのがいいでしょう。Midjourneyのサブスクリプションを新たに契約をする方法はLESSON 06、解約方法はLESSON 08で解説しています。

Midjourneyにはベーシックプランを含めて4つのプランがあり、まとめると次ページの表の通りとなります。いずれも月契約（Monthly Subscription）と年契約（Annual Subscription）を選択でき、年契約は月契約よりも20%ほど割安です。お試しには不向きですが、よりお得に使いたい場合は年契約にするといいでしょう。契約後、月の途中でプランを変更することも可能となっています。

図表02-1 Midjourneyの４つの料金プラン

プラン	ベーシックプラン	スタンダードプラン	プロプラン	メガプラン
月契約	10ドル 約1,500円	30ドル 約4,500円	60ドル 約9,000円	120ドル 約18,000円
年契約	96ドル 約14,000円 約1,200円/月	288ドル 約43,000円 約3,500円/月	576ドル 約86,000円 約7,000円/月	1,152ドル 約172,000円 約14,000円/月
ファストモード	3.3時間	15時間	30時間	60時間
リラックスモード	―	無制限	無制限	無制限
ステルスモード	―	―	○	○
最大同時生成枚数	3	3	12	12
商用利用	○	○	○	○

本書ではベーシックプランを契約したことを前提に、以降の解説を進めていきます。

なお、料金プランは変更される可能性もあるので、最新情報はMidjourneyの公式サイトで確認してください。ただし、本書執筆時点で公式サイトの内容はすべて英語となっています。

▶ Midjourney Subscription Plans
https://docs.midjourney.com/docs/plans

料金プランごとの機能の違い

図表02-1を見ると、月契約・年契約の料金以外にも、プランによって機能の差異があることがわかると思います。本書はベーシックプランを前提とするため、直接関係しない機能もありますが、画像生成時のモードや最大同時生成枚数など、料金プランによって異なる機能について紹介します。

ファストモード（Fast GPU Time）

Midjourneyでは画像生成の速度を複数のモードから選択でき、そのデフォルト設定となるのが通称「ファストモード」です。画像を1枚あたり約1分の速さで生成します。例えば、ベーシックプランでは月あたり3.3時間まで利用でき、それを超過すると1時間あたり4ドル（約600円）の超過料金がかかります。

スタンダードプラン、プロプラン、メガプランにもファストモードの時間が設定されており、それを使い果たすと超過料金がかかります。しかし、これらのプランでは次に解説する「リラックスモード」を利用することで、超過料金なしでの画像生成が行えます。

リラックスモード（Relax GPU Time）

ファストモードと比べて画像生成までの時間が1〜10分ほど長くなりますが、無制限での画像生成が可能になるモードです。スタンダードプラン、プロプラン、メガプランで利用でき、回数や時間を気にすることなく、画像生成を楽しめます。

ステルスモード（Stealth Mode）

Midjourneyで画像生成を行うDiscordのコミュニティには、世界中のユーザーが参加しています。そのため、他人が入力したプロンプトや生成した画像を自由に見ることができますが、その反面、自分のプロンプトや生成画像も他人に見られてしまうことになります。

「ステルスモード」とは、通常は公開されるプロンプトや生成画像を非公開にできる機能です。プロプランとメガプランでのみ利用できます。

最大画像生成枚数（Maximum Concurrent Jobs）

一度に生成できる画像の枚数も、プランによって異なります。例えば、ベーシックプランでの最大画像生成枚数は3枚となっています。

関連する機能として、画像生成を順番に処理する「キュー」も用意されており、ベーシックプランは10枚分の画像生成をキューにセットできます。

商用利用（Usage Rights）

Midjourneyでは、すべての有料プランにおいて商用利用が可能となっています。これは生成画像についての著作権が生成者である私たちに所属し、ビジネスでの利用が可能であることを意味しますが、年間総収益が100万米ドルを超える企業の従業員、または雇用主の場合はプロプランやメガプランに加入する必要があるなど、注意すべき点も多々あります。特に、AIが生成した画像の著作権の取り扱いには気を付けなければなりません。Midjourneyで生成した画像の著作権について、詳しくはCHAPTER 13で解説します。

各モードへの切り替え方法

ベーシックプランでは利用できませんが、スタンダード／プロ／メガプランでは、前述したリラックスモードとステルスモードが利用できます。さらに、Midjourneyのバージョンv5以降では、ファストモードに比べて最大4倍高速に生成できる「ターボモード」も利用可能です。各モードの切り替えは、Discordのチャット入力欄で「/relax」「/stealth」「/turbo」コマンドを実行して行います。「/settings」と入力すると表示される設定画面でも、モードの切り替えが可能です。

COLUMN 01

mikimiki web schoolを始めたきっかけ

よく「mikimikiさんは昔からWebに強かったんでしょ？」といわれるのですが、まったくそのようなことはなく、Webやパソコンは苦手なほうでした。20代前半はECサイトの会社員として働いていましたが、特にスキルもないし、目標もなく漠然とした不安を常に感じる日々。

そのような中、上司から「何かやりたいことはないの？」といわれて、せっかくEC系の会社で働いているし、デザインのスキルを身に付けたいと思い、PhotoshopやIllustratorの勉強を始めてみました。いざ始めてみるとすぐに夢中になり、仕事終わりに毎晩遅くまでソフトを触りながら勉強をしていました。

社会人になって何となく毎日を過ごしていた自分が、デザインの勉強にここまで夢中になれることがとても新鮮で、「大人になっても学ぶことって大切だな」と強く実感しました。そこから副業を経てフリーランスとして独立し、Webデザイナーとしてお仕事をいただけるようになると、「もっと新しいことにチャレンジしたい！」と感じるようになり、思い切って会社を設立しました。

そして、そのタイミングで私がWebデザインに出会って感じた「大人になっても学ぶことの楽しさ」をたくさんの人に伝えたいと思うようになり、学びにフォーカスしたYouTubeチャンネル「mikimiki web school」を2019年12月にスタートしました。

最初はカメラの前で話すのも緊張して、全然うまくできずカチコチ。YouTubeの動画は1本を仕上げるまでの工程が多く、台本の作成や撮影、編集など、とにかく時間がかかります。動画編集もやったことがなかったので、完全に手探り！

でも、今あらためて調べてみると、約3年間でアップロードした動画は450本にも及んでいました。まさに「継続は力なり」ですね。みなさんも気になること、興味があることがあるなら、まずはやってみると何かが動き出すかもしれませんよ。

基礎編

CHAPTER 02

Midjourneyを導入する

Midjourneyを利用するための、Discordのインストールや
設定について解説します。

基礎編

LESSON 03

Discord
インストール

Discordをパソコンにインストールする

Midjourneyを利用するには、Discordをインストールし、Midjourneyのサーバーに参加する必要があります。まずは、Discordをインストールしましょう。

LESSON 01でも紹介したように、Midjourneyを利用するには、チャットアプリのDiscordを使える環境が必要です。Discordはブラウザーで使うこともできますが、頻繁に利用するならデスクトップ版アプリのほうが便利なので、そちらをインストールしていきましょう。以下のURLからDiscordのダウンロードページへアクセスしてください。

▶Discord
https://discord.com/

以下のようなトップページが表示されたら、[Windows版をダウンロード] または [Mac版をダウンロード] (アクセスした環境によって変わります) をクリックして、Discordのインストーラーをパソコンにダウンロードしましょう。

▶▶▶ Discord のトップページ

デスクトップ版アプリをダウンロードするか、ブラウザーで開くかを選択する

Windowsの場合は、ダウンロードしたファイルをダブルクリックすればインストーラーが起動します。Macの場合はダウンロードしたファイルを開いたあと、[Discord.app]を［Applications］フォルダにドラッグ＆ドロップするとインストールが完了します。

▶▶▶ Mac のファイル画面

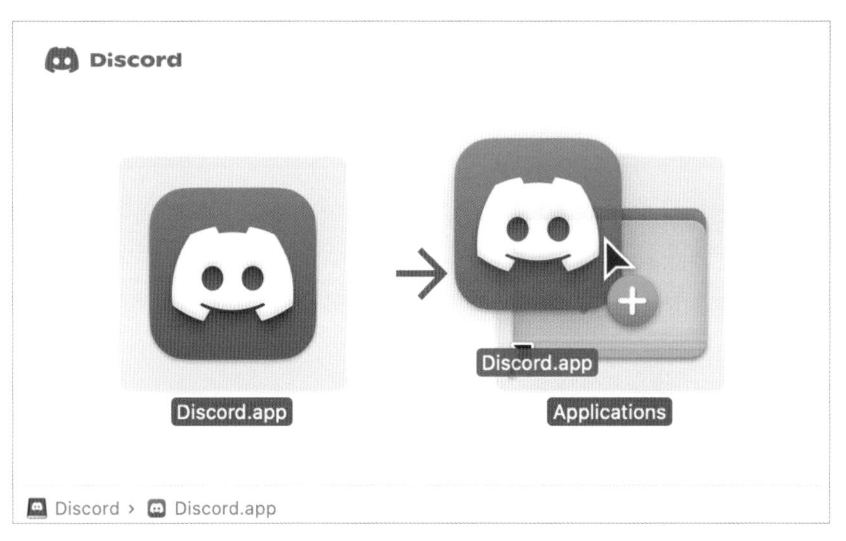

Macの場合は［Discord.app］を［Applications］フォルダに格納する

インストールしたDiscordは、Windowsは［スタート］ メニューから、Macは Launchpadまたは［Applications］フォルダーから起動します。タスクバーにピン留めしたり、Dockに追加したりして起動しやすくしておくといいでしょう。

Discordはゲームユーザーに人気のツール

Discordは、ユーザー同士がテキストや音声・ビデオ通話を通して、ゲームをしながらリアルタイムなコミュニケーションがとれるチャットツールとして人気です。また、「サーバー」を作成して共通の趣味やゲームに関するコミュニティを作れます。本来Discordはゲームユーザー向けに設計されていましたが、今ではゲームにとどまらず、さまざまなコミュニティの場として広く利用されています。

基礎編

LESSON

04

Discord
アカウント作成

Discordのアカウントを作成する

Discordの利用を開始するには、アカウントの作成も必要になります。作成時には［表示名］や［ユーザー名］を入力するので、あらかじめ決めておきましょう。

Discordでメッセージの投稿や通話を行うには、アカウントの作成が必要になります。前のLESSON 03でインストールしたデスクトップ版アプリから、アカウントの作成を開始しましょう。アプリを起動すると以下のような画面になるので、[ログイン]の下にある[登録]をクリックします。

▶▶▶ Discord の初回起動画面

アカウントが未作成の状態でDiscordを起動すると、作成を促す画面が表示される

続いて［アカウント作成］画面が表示されるので、[メールアドレス］や［表示名］など、必要項目を入力して［はい］をクリックします。[表示名］は他のユーザーにも見える名前で、[ユーザー名］は他のユーザーと重複しない文字列にする必要があります。

その後、[アカウント作成］で入力したメールアドレス宛てに認証メールが届くため、そのメールを開いて［Verify Email］をクリックしましょう。

▶▶▶ Discord の［アカウント作成］画面

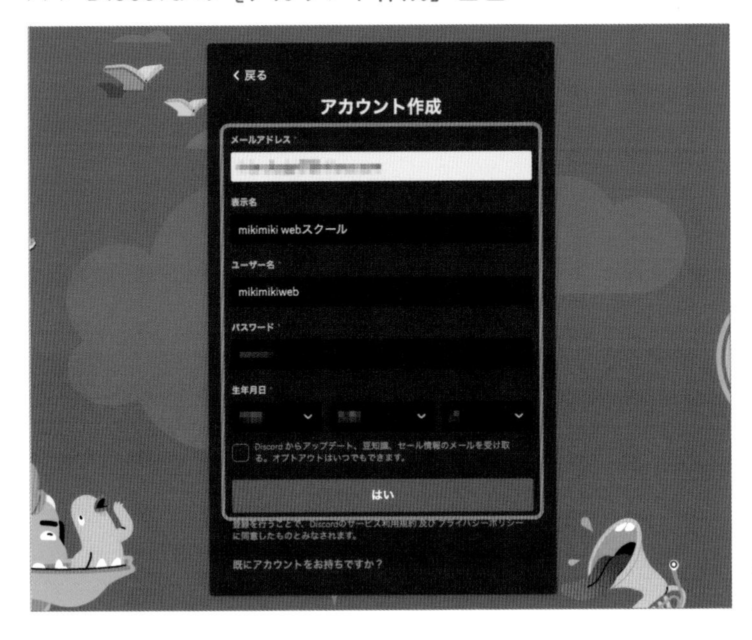

［表示名］は他のユーザーにも見えることを意識して入力する

▶▶▶ Discord から届いた認証メールの画面

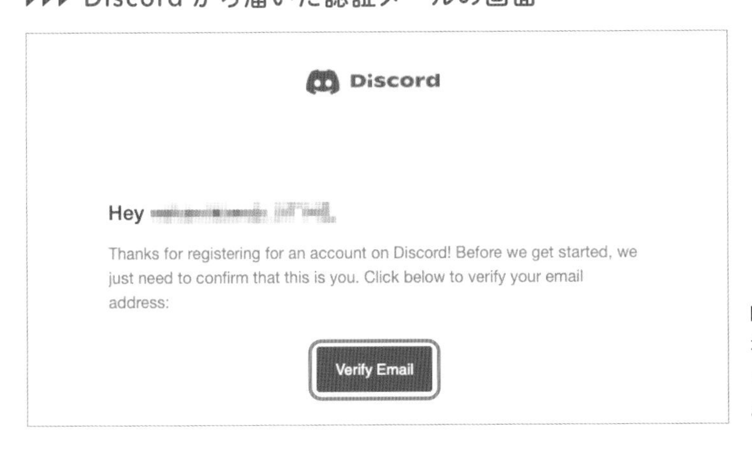

Discordからのメールが届かない場合、迷惑メールに振り分けられている可能性があるので注意する

さらに、ボットなどによるアカウントの自動生成を防ぐために、追加の認証が必要になります。［私は人間です］が表示されたら、チェックを付けて認証を完了しましょう。これで、アカウントの作成に必要なひと通りの作業が終わりました。［メールが認証されました！］の画面が表示されるので、［Discordで開く］をクリックして、Discordを起動できます。

基礎編

LESSON 05

DiscordとMidjourneyを連携する

Discord
サーバー

DiscordでMidjourneyのサーバーに参加し、画像生成を開始するための準備をしましょう。Midjourneyの公式サイトから操作すると、Discordに招待が届きます。

Discordへのログインが完了したところで、今度はDiscordからMidjourneyの「サーバー」に参加します。Discordではサーバーがコミュニティとしての役割を果たしており、数百人が参加する大規模なものから、数人程度の小規模なものまで、多種多様なサーバーが存在しています。

DiscordでMidjourneyのサーバーに参加するには、まずMidjourneyの公式サイトにアクセスします。以下のようにトップページが表示されたら、[Join the Beta] をクリックしましょう。本書籍では、Midjourneyの公式サーバーのことを「オープンサーバー」と呼びます。

▶ Midjourney

https://www.midjourney.com/

▶▶▶ Midjourney の公式サイト

右下の [Join the Beta] からサーバーに参加できる

続いて以下のような画面が表示されるので、[招待を受ける] をクリックします。

▶▶▶ Midjourney のサーバー招待画面

すでに1,300万人を超えるユーザーが参加している

その後、[Discord起動完了] の画面が表示されるので、[Discordで開く] をクリックすると、Discordアプリが起動します。これでMidjourneyのサーバーに参加できました。Midjourneyのサーバーに無事参加できたかを確認するには、Discordの左側に表示される縦のバーに注目してください。以下のようにMidjourneyのアイコンが追加されていればOKです。

▶▶▶ [Midjourney] サーバーの画面

[Midjourney] サーバーに参加できた

なお、Midjourney以外のサーバーも、このバー内に表示されていきます。アイコンをドラッグすれば並べ替えできるので、利用頻度の高いサーバーが上に表示されるようにしておくといいでしょう。

基礎編

LESSON 06

Midjourneyのサブスクに登録する

#サブスクリプション #登録

Midjourneyには無料プランがないため、有料プランのサブスクリプションに登録しないと利用できません。登録作業はDiscordでコマンドを入力して行います。

サブスクリプションの登録を開始する

LESSON 02で解説したように、本書執筆時点ではMidjourneyに無料プランは存在せず、有料プランでのみ利用できるようになっています。本書では、最も安価で短期間での解約もしやすい、ベーシックプラン（月払い）のサブスクリプションに登録することを前提に解説を進めます。

Midjourneyのサブスクリプションに登録するには、Discordで参加したサーバー上で「/subscribe」コマンドを入力します。以下の画面のように操作を進めてください。

▶▶▶［Midjourney］サーバーの画面

1 ［Midjourney］のサーバーをクリックする

2 どこでもよいので［newbies-###］のチャンネルをクリックする

［newbies-###］を開いたら、画面下部にあるチャット入力画面に「/subscribe」と入力して Enter キーを押します。もし入力できず、「このサーバーでメッセージを送信するには、このアカウントを認証する必要があります。」と表示されている場合は、LESSON 04で解説したメールの認証を済ませましょう。

▶▶▶ チャット入力画面

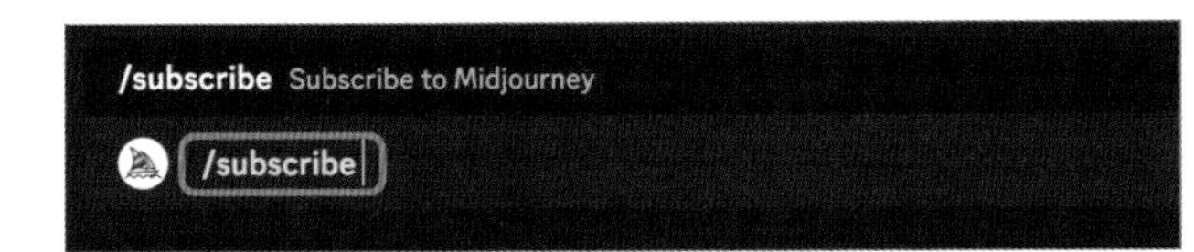

メッセージ入力欄に「/subscribe」と入力して Enter キーを押す

以下の画面のように「Midjourney Bot」からのメッセージが届いたら、［Manage Account］をクリックしましょう。このURLは自分専用のサブスクリプションページになるため、他人には共有しないようにしてください。［Open subscription page］と表示された場合も同様に、［Open subscription page］をクリックしてください。

▶▶▶［Manage Account］のメッセージ画面

Midjourney Botからのメッセージが表示されたら、［Manage Account］をクリックする

その後、［Discordを退出］という画面が表示されることがあります。これはDiscordからブラウザーに切り替えて、Webサイトにアクセスする確認画面です。今回はMidjourneyの公式サイトにアクセスするため、［サイトを見る］をクリックして問題ありません。［Open subscription page］をクリックした場合は、［ストップ！］という画面が表示されますが、こちらも同様にMidjourney公式のURLなので、［うん！］をクリックすればOKです。

プランを選択する

Discordでの操作が完了すると、ブラウザーが起動して以下のような［Purchase a subscription］画面が表示されます。前述の通り、本書ではベーシックプラン（月払い）を前提としますが、デフォルトでは［Yearly Billing］（年払い）が選択されているので注意してください。［Monthly Billing］をクリックして月払いに切り替えたうえで、［Basic Plan］の［Subscribe］をクリックします。

▶▶▶［Purchase a subscription］の画面

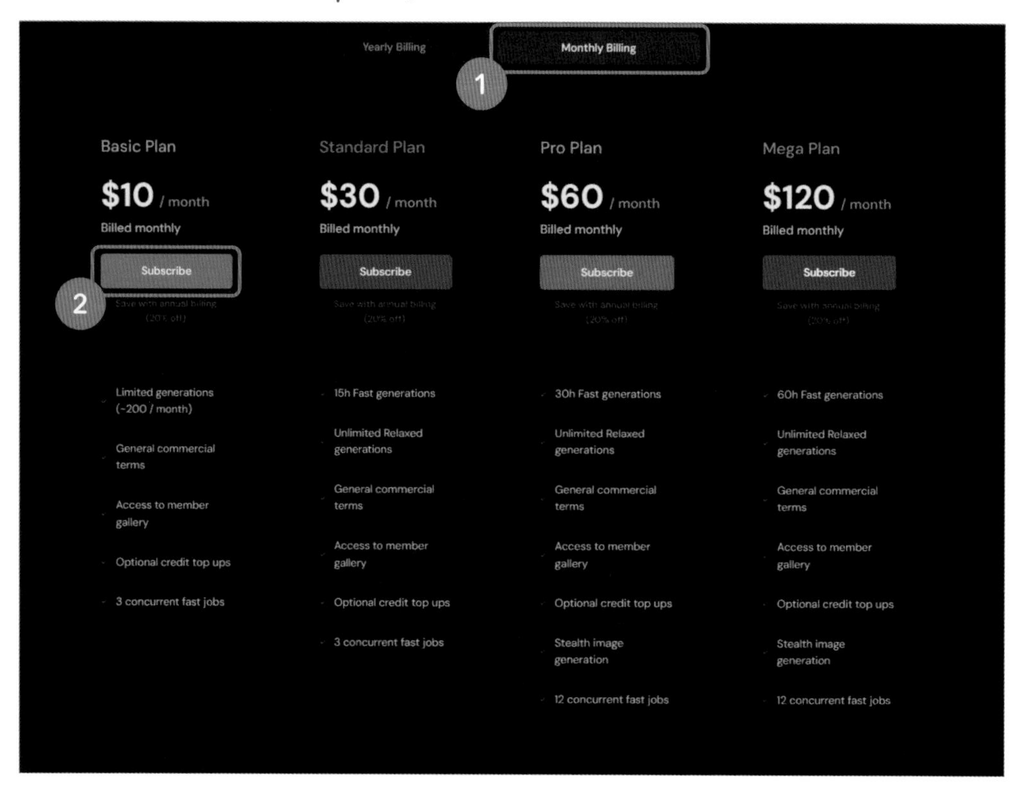

1 ［Monthly Billing］をクリックして月払いに切り替える

2 ［Basic Plan］の［Subscribe］をクリックする

決済情報を入力する

プランを選択したら、次に決済情報を入力します。Midjourneyの決済システムは「Stripe」と呼ばれる大手決済代行プラットフォームを使用しているため、安心して決済を行うことができます。以下の画面のように、メールアドレスやクレジットカード情報を入力して、決済を完了します。その後、メールで領収証が届き、サブスクリプションの登録が完了します。

▶▶▶決済システム「Stripe」の画面

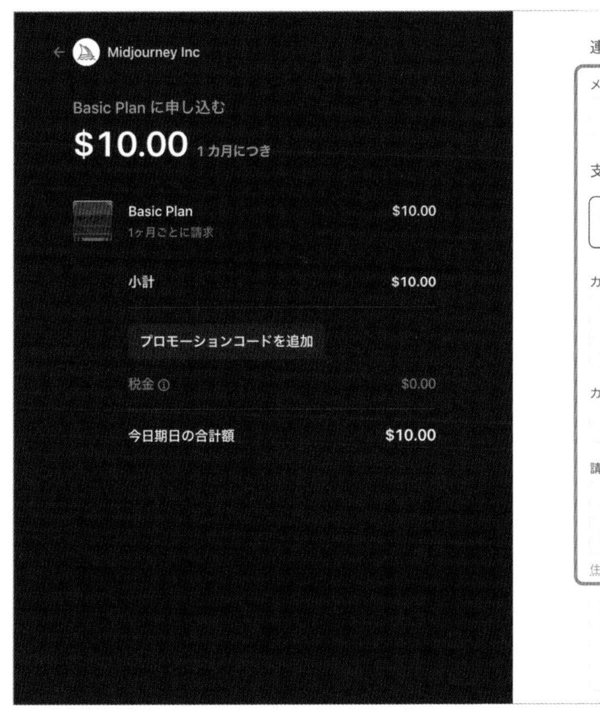

メールアドレスやクレジットカード情報などを入力する

基礎編

LESSON
07

Midjourney Botとのサーバーを作成する

#サーバー
#チャットルーム

Discordでサーバーを作成してMidjourney Botを追加すると、他のユーザーに見られない状態で画像生成が可能になります。「自分専用サーバー」を作ってみましょう。

Midjourneyで画像生成できる場所は、主に2つあります。1つはLESSON 06に登場したMidjourneyのオープンサーバー内にある「newbies-###」(#は数字) と記載されたチャンネル (ルーム) で、もう1つはMidjourney Botと1対1で行うダイレクトメッセージです。

Discordは本来、サーバーに複数人を招待してコミュニケーションを図るツールですが、サーバーに誰も招待せずに自分専用の作業場所として使うこともできます。自分専用のサーバーにMidjourney Botを招待し、Midjourneyで画像を生成するためだけのチャットルームを作成できます。

自分専用サーバーを作成するメリット

生成した画像が他のユーザーに見られない

オープンサーバーの「newbies-###」チャンネルは、誰でもアクセスできて画像生成を行える場所なので、世界中のユーザーが画像を生成しています。そして、当然そのユーザーたちは、あなたが生成した画像を見ることができます。さらに自分が生成した画像を他の人が編集・保存することも可能なので、自分の生成した画像を表示したくない場合にはMidjourney Botとのサーバーを作るのがおすすめです。

ただし、自分専用サーバーを作成しても、Midjourneyのギャラリーサイトである「Community Showcase」には生成した画像が表示されます（本章末のCOLUMNも参照）。Community Showcaseで画像を非表示にしたい場合は、プロプランやメガプランのステルスモードを利用する必要があります。

生成画像の管理が楽になる

自分専用サーバーを作成することで、サーバー内に目的別にチャンネルを複数作成できるため、生成した画像を探しやすくなるメリットがあります。以下の画面のように「人物」「動物」、あるいは「資料用」「バナー用」など、用途別に生成場所を定めておきましょう。

▶▶▶自分専用サーバーの作成例

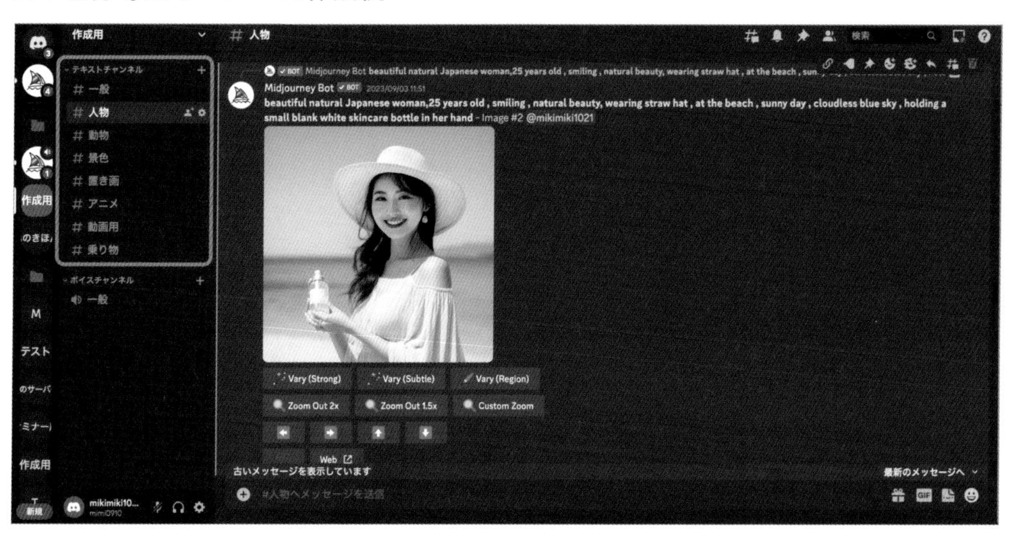

生成する用途別にチャンネルを分けられる

オープンサーバーでは多くのユーザーが生成した画像を見られる一方で、自分が生成した画像がチャット内ですぐに流れてしまい、どこに行ったかわからなくなりがちです。自分専用サーバーを作成しておけば、こういった事態を防ぐこともでき、自分が生成した画像をさかのぼって探すことが楽になります。

サーバーを新規作成する

メリットを理解できたところで、自分専用サーバーの作成を始めましょう。Discordを起動しておき、以下の画面のように［+］(サーバーを追加）をクリックします。

▶▶▶ Discord の［サーバーを追加］ボタン

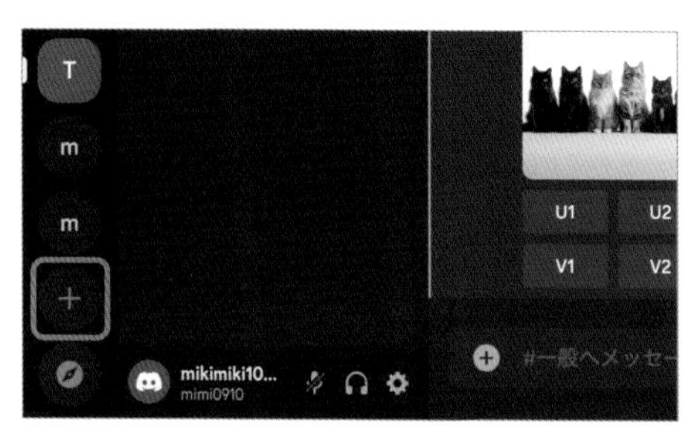

左側のバーの下にある［+］をクリックする

［サーバーを作成］が表示されたら、［オリジナルの作成］をクリックします。サーバー作成時には、いくつかのテンプレートを利用できますが、今回は自分専用にカスタマイズしたいので、テンプレートは使いません。［オリジナルの作成］をクリックしたら、以下の右の画面のように［あなたのサーバーについてもう少し詳しく教えてください］が表示されるので、［自分と友達のため］をクリックします。

▶▶▶ サーバーの作成画面

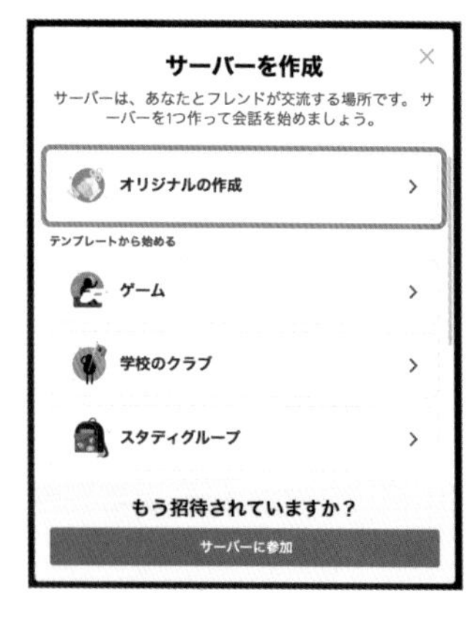

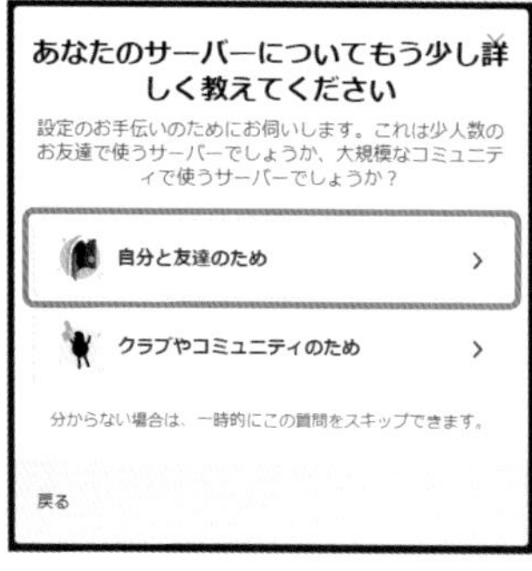

左が［サーバーを作成］画面、右が［あなたのサーバーについてもう少し詳しく教えてください］画面

続いて［サーバーをカスタマイズ］が表示されるので、サーバーのアイコンとサーバー名を設定し、［新規作成］をクリックしましょう。

▶▶▶［サーバーをカスタマイズ］画面

各入力を終えたら［新規作成］をクリックする

これで、サーバーが作成できました。このサーバーでMidjourneyを使うには、事前設定が必要です。次項では、事前設定を解説します。

サーバーにMidjourney Botを追加する

作成したばかりのサーバーでは、Midjourney Botを使用できません。利用できる状態にするには、サーバーにMidjourney Botを追加する必要があります。まずは以下の画面のように［ダイレクトメッセージ］をクリックし、Midjourney Botとのダイレクトメッセージを表示します。

▶▶▶サーバー作成後の画面

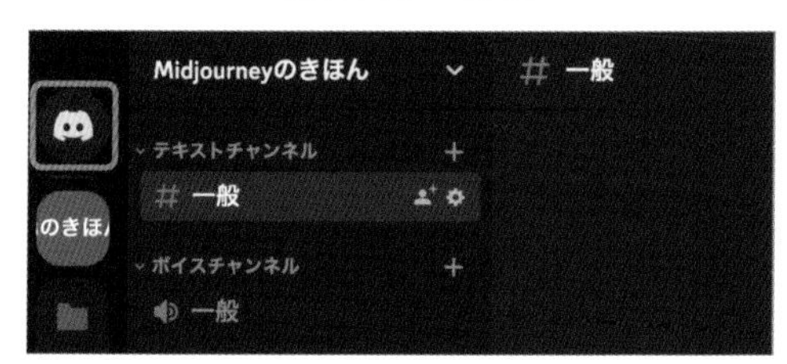

［ダイレクトメッセージ］(Discordのアイコン)をクリックする

ダイレクトメッセージ画面が表示されたら、Midjourney Botをクリックします。Midjourney Botとのダイレクトメッセージが表示されることを確認しましょう。続いて、以下の画面のように❶Midjourney Botを右クリックして❷［プロフィール］を選択します。

▶▶▶ ダイレクトメッセージ画面

ダイレクトメッセージ画面で［Midjourney Bot］を右クリックし、［プロフィール］を選択する

すると、以下の画面のようにMidjourney Botのプロフィールが表示されるので、［サーバーに追加］をクリックしましょう。

▶▶▶ Midjourney Bot のプロフィール画面

［サーバーに追加］をクリックする

続いて、以下の左の画面のように［外部アプリケーション］に切り替わり、［サーバーに追加］のプルダウンメニューが表示されるので、そこから先ほど作成したサーバーを選んで［はい］をクリックします。その後、以下の右の画面が表示されるので、チェックはそのままにして［認証］をクリックします。これで、自分専用サーバーにMidjourney Botが追加されます。

▶▶▶［外部アプリケーション］画面

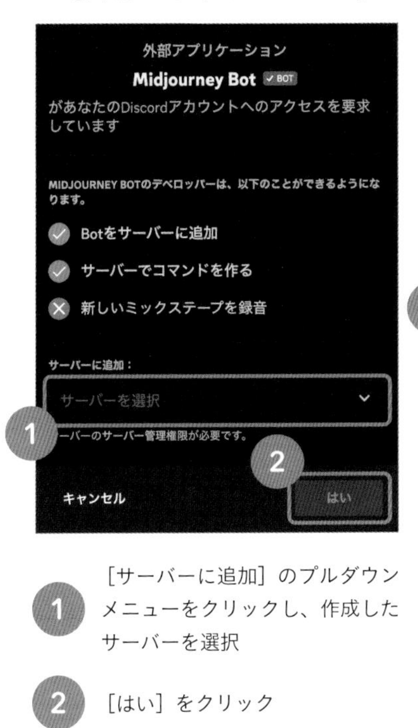

1 ［サーバーに追加］のプルダウンメニューをクリックし、作成したサーバーを選択

2 ［はい］をクリック

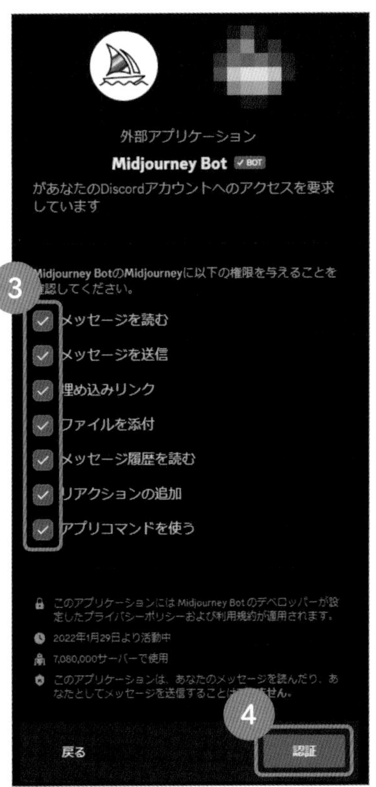

3 チェックマークはそのままにする

4 ［認証］をクリック

Midjourney Botが追加できたことを確認するためには、作成したサーバーを開き、メッセージ入力欄に「/imagine」と入力してみましょう。次ページの画面のようにサジェストが表示されていればOKです。これで自分専用のサーバーを作成できました。

▶▶▶「/imagine」コマンドのサジェスト

コマンドのサジェストが表示されれば、Midjourney Botを正しくサーバーに追加できたことになる

自分専用サーバーにチャンネルを追加する

前述の通り、サーバー内に用途別のチャンネルを作成しておくと、オープンサーバーと比べて生成した画像の管理が楽になります。自分専用サーバーにチャンネルを追加するには、作成した自分専用サーバーの［テキストチャンネル］の右上にある［+］をクリックします。

▶▶▶ Discordの［チャンネルを作成］ボタン

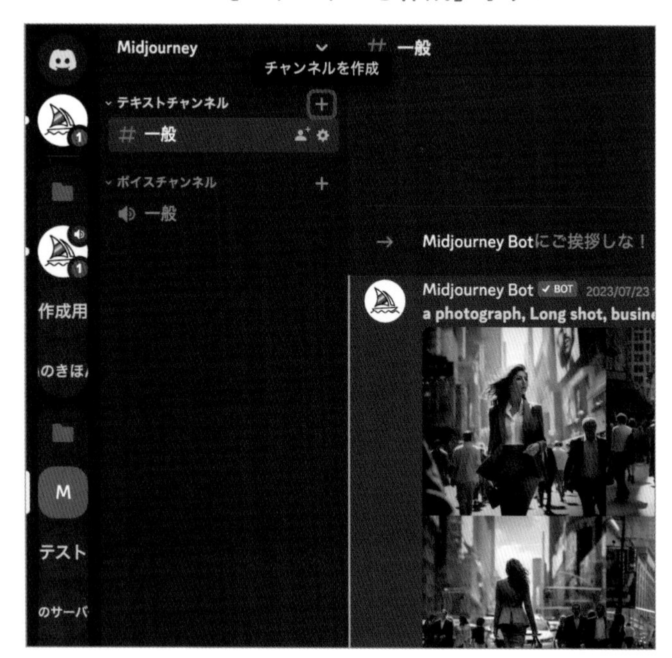

［テキストチャンネル］の［+］をクリックする

［チャンネルを作成］が表示されるので、チャンネルの種類で❶［Text］を選択し、❷チャンネル名を入力したうえで❸［チャンネルを作成］をクリックします。自分専用サーバーの［テキストチャンネル］にチャンネルが追加されていればOKです。

▶▶▶［チャンネルを作成］画面

必要項目を設定してから［チャンネルを作成］をクリックする

作成したテキストチャンネルの削除方法

作成したテキストチャンネルを削除するには、以下の画面のように❶右クリックし、❷［チャンネルを削除］をクリックします。その後、ポップアップ画面が表示されるので［チャンネルを削除］を選択します。これでテキストチャンネルを削除できますが、削除すると復元ができないので注意してください。

▶▶▶テキストチャンネルの一覧画面

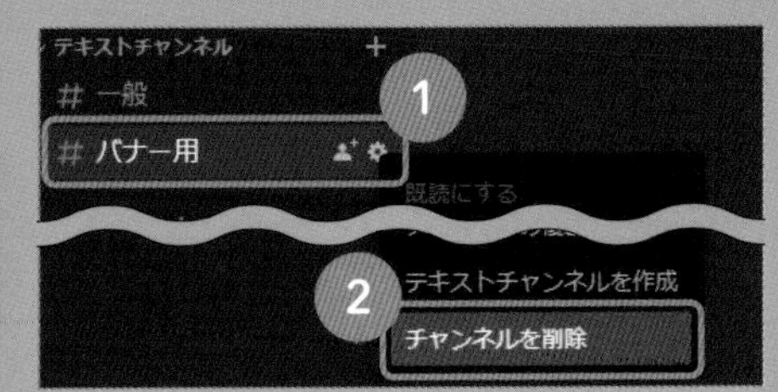

テキストチャンネルを右クリックし、［チャンネルを削除］をクリックする

基礎編

LESSON 08

#サブスクリプション
#解約

Midjourneyのサブスクを解約する

Midjourneyのサブスクリプションは、いつでも解約が可能です。月払いであれば1～2カ月間だけ登録して、不要になったら解約するといった使い方もできます。

ここまで、Midjourneyの利用を開始するまでの手順を解説してきました。登録したサブスクリプションは、自身で解約するまで毎月支払いが発生します。利用を一時的に止めたい場合でも解約手続きが必要なので、ここで説明する解約方法を覚えておきましょう。なお、解約はどのタイミングでも問題なく実行でき、翌月に自動で決済が停止します。

Midjourneyのサブスクリプションを解約するには、Midjourneyのオープンサーバー、または前のLESSON 07で作成した自分専用サーバーの任意のチャンネルで、LESSON 06と同様の手順で「/subscribe」コマンドを実行し、[Manage Account] を表示します。その後、[Manage Account] をクリックします。

▶▶▶ [Manage Account] のメッセージ画面

「/subscribe」コマンドを実行し、[Manage Account] をクリックする

その後、ブラウザーが起動して、以下の画面のように現在契約中のプランが表示されます。

▶▶▶ 現在契約中のプラン内容

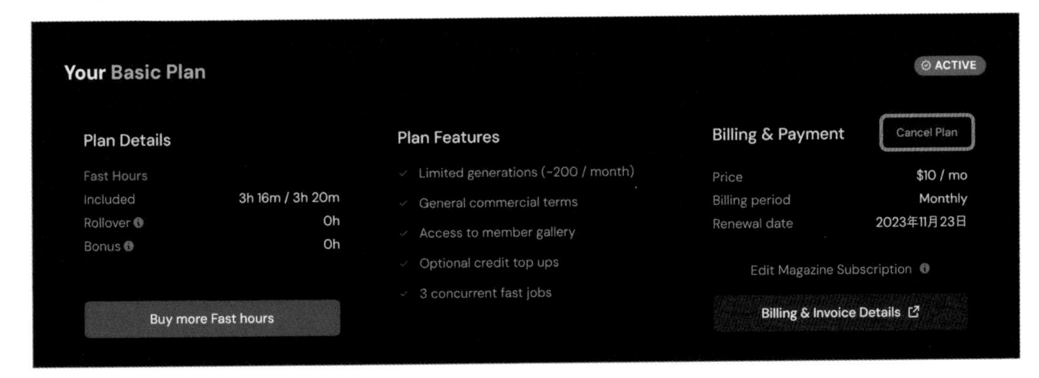

現在契約中のプランが表示されたら、[Cancel Plan］をクリックする

［Cancel Plan］をクリックすると、さらに Cancel Plan ⃠ とポップアップ表示されるので、これをクリックします。

▶▶▶ ［Cancel Plan］のポップアップ画面

ポップアップ表示された［Cancel Plan］をクリックする

解約の最終確認を求められるので、そのまま進める場合は［Confirm Cancellation］をクリックすることで、次回の支払いが停止されます。解約した場合でも、最終決済日から1カ月間はサービスを継続して利用できます。再度契約するには、LESSON 06を参照してください。

COLUMN 02

画像生成AIの登場で変化したこと

Midjourneyをはじめとしたさまざまな画像生成AIの登場により、私は最初「Webデザイナーの仕事がなくなってしまうのでは？」という危機感を覚えていました。文章（プロンプト）の入力だけで、これほど高いクオリティの画像を生成できるのなら、今後5年以内には、今の仕事の多くはAIに取られてしまうと感じていたのです。

しかし、その後は徐々に気持ちに変化が表れました。「AIを脅威と捉えるのではなく、AIと共存していくする時代に変化するのでは？」と思うようになり、そこから私の仕事の進め方も、少しずつ変わりました。

その筆頭に挙げられるのが、クライアントとデザインのすり合わせを行う場面です。以前はクライアントからヒアリングした情報をもとに、それに近いイメージのデザインやWebサイトを調べてから、ラフを作成するのが基本的な進め方でした。実のところ、この作業に多くの時間を費やしていました。しかし、画像生成AIの登場以降は、イメージをプロンプトに落とし込み、生成した画像からイメージを具現化し、実際のデザインやWebサイトに落とし込む進め方に変わりました。

また、フリー素材風のイラストを作成する場面でも、画像生成AIを活用しています。例えば、リラクゼーションサロンの制作案件ではアロマのイメージ写真を使うことが多く、ストック素材の写真を使うと、他のサイトと素材が被ってしまうことがよくあります。そのようなときに画像生成AIを活用すれば、オリジナルの画像を簡単に生成できますし、色や素材も細かく指定できるのもうれしい点です。

こうしたクライアントワークだけにとどまらず、自分自身のデザインのインスピレーションもMidjourneyから刺激を受けています。「Community Showcase」では、世界中のユーザーが生成した画像を一覧で見ることができますが、「こんな画像やデザインを生成できるのか！」と日々新しい気づきと刺激を受けています。「人が作ったデザイン」だけでなく「AIが作ったデザイン」も見るようになり、デザインの幅がさらに広がっています。

▶ Community Showcase

https://www.midjourney.com/showcase/recent/

基礎編

CHAPTER 03

Midjourneyの基本を学ぶ

Midjourneyで画像を生成・保存する方法について学びましょう。

基礎編

LESSON 09

プロンプトを入力して画像を生成・保存する

#プロンプト #画像生成

Midjourneyで画像を生成するには、「プロンプト」と呼ばれる指示文を入力します。実際にプロンプトを入力し、はじめての画像生成を実行してみましょう。

プロンプトを入力する

「プロンプト」とは、画像生成AIに何を描写させたいのかを伝えるための指示文です。Midjourneyは、プロンプトに含まれる単語やフレーズを「トークン」と呼ばれる小さな断片に分解し、Midjourneyが学習したデータと比較しながら、画像を生成します。プロンプトをうまく活用できると、自分が希望する画像を簡単に生成できるようになります。なお、Midjourneyでのプロンプトの入力は日本語でも可能ですが、認識精度が高くないため、英語での入力が推奨されています。

プロンプトの入力欄を表示する

画像を生成するには、プロンプトを入力できる状態にする必要があります。まずはDiscordのチャットエリアに「/imagine」と入力し、Enterを押しましょう。すると、以下の画面のように、チャット入力欄に［/imagine］に続いて［prompt］と表示されます。これでプロンプトを入力できる状態になりました。

▶▶▶ プロンプトの入力欄

［prompt］と表示され、プロンプトを入力可能になった

プロンプトを送信する

さっそくプロンプトを入力してみましょう。Midjourneyの最新バージョンでは、短いシンプルなプロンプトでも、背景や文脈を推察してプロンプトに忠実な画像を生成できるようになっています。つまり、複数の単語を羅列した長いリストのようなプロンプトでなくても、画像の生成が可能です。

ここでは例として、猫の画像を生成するために cat｜猫 とプロンプトを入力します。入力を終えたら Enter を押して送信し、画像の生成をスタートしましょう。

▶▶▶ プロンプトの入力例

プロンプトに「cat」と入力した

画像生成がスタートすると、以下の画面のように生成がスタートしたことを知らせるメッセージがチャットエリアに表示されます。

▶▶▶ 画像生成を知らせるメッセージ

Midjourneyが画像生成を開始したことがわかる

プロンプトの英訳には翻訳サービスを活用

プロンプトが複雑になるほど、英語での入力が難しくなってきます。プロンプトの入力時には「Google翻訳」や「Deep L」などの翻訳サービスを活用しましょう。ここ数年の翻訳精度は高いため、Midjourneyでも意図通りに認識されることが多くなりました。

生成された画像を確認する

画像生成がスタートすると、4種類の生成物がぼんやりと表示され始めます。これは画像生成の途中であることを示しています。以下の左の画面にある［46%］という表記は生成の進捗状況で、「46%の生成が完了している」という意味です。［fast］は生成モードを表しており、通常の生成速度です。画像生成が完了すると、右の画面のようになります。生成された画像の下にある［U1］や［V1］といった各種ボタンの役割については、LESSON 11で解説します。

▶▶▶猫の画像の生成画面

左が生成途中の画面、
右が生成結果の画面

複数のプロンプトを入力する

より複雑な指示を出したい場合は、1つのプロンプトだけでなく、2つ、3つと複数のプロンプトを入力します。プロンプトは「,」(カンマ) で区切ります。

▶▶▶複数のプロンプトの入力例

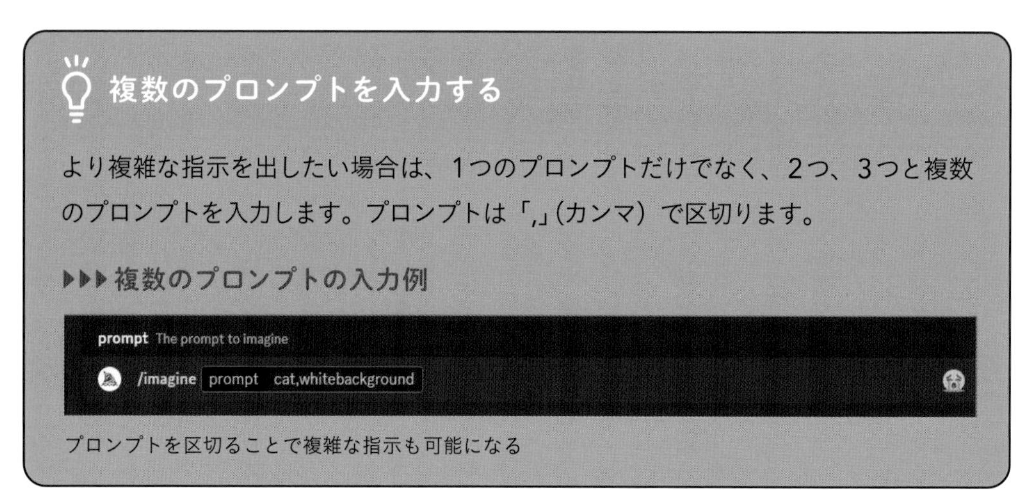

プロンプトを区切ることで複雑な指示も可能になる

画像をまとめて保存する

生成された4枚の画像をそのまま保存するには、画像をクリックして拡大表示します。以下の画面のようになるので、[ブラウザで開く] をクリックしましょう。その後、ブラウザーが起動して画像が表示されるので、Windowsの場合は右クリックして［名前を付けて画像を保存］をクリックし、保存場所を選んで［保存］をクリックします。4枚の生成画像のうち、1枚ずつ選んで保存する方法については、LESSON 11で解説します。

▶▶▶生成画像を拡大表示した状態

［ブラウザで開く］をクリックして、
表示された画像を保存する

プロンプトには禁止用語もある

Midjourneyでは、無礼・有害な言葉、誤解を招く著名人や出来事の描写、ヘイトスピーチ、暴力、ヌードや成人向けの用語をプロンプトとして利用することはできません。それらを入力しても「Banned prompt detected」というメッセージが表示され、画像生成は行われません。こうした禁止用語は、他の画像生成AIでも設定されています。

基礎編

LESSON 10

プロンプトを工夫して異なる画像を生成する

#プロンプト
#画像生成

希望通りの画像を生成するには、複数のプロンプトを組み合わせて描画内容を指示するなどの工夫が必要です。生成結果にどのような違いがあるかを見てみましょう。

前のLESSON 09では、Midjourneyにプロンプトを1語だけ送信して、最も基本的な画像生成を行いました。CHAPTER 05以降では、さまざまなシーンでの具体的な利用例にあわせたプロンプトを紹介しますが、このLESSONでは、入力するプロンプトの工夫によって生成される画像がどのように変化するかを、簡単な例で紹介していきます。

具体的な特徴を指示する

例えば、「カラフルな花」の画像を生成したいとします。単に flower｜花 というプロンプトを入力するだけでも花の画像は生成できますが、それでは以下の左のように1本の花の画像が生成されやすく、カラフルな花の画像が生成される可能性は低いといえます。そこで、プロンプトを colorful flowers｜カラフルな花 に変更してみましょう。以下の右のように、より希望に近い画像が生成されやすくなります。

▶▶▶花の画像の生成結果の違い

左は「花」、右は「カラフルな花」での生成例

続いて、「色鉛筆で描いた明るいひまわり」の画像を生成する例で考えてみます。単に sunflower | ひまわり というプロンプトを入力するだけでは、以下の左のように写実的で、やや暗い雰囲気の画像が生成される可能性が高いです。そこで、プロンプトを bright sunflower drawn with colored pencils | 色鉛筆で描いた明るいひまわり というふうに、具体的な特徴を加えた指示に変更すると、以下の右の画像のような生成結果となります。指定した通りの特徴を持つ画像になっていることがわかるでしょう。

このように、生成したい対象物の名称に加えて、特徴を表す言葉を加えていくのが、プロンプトを工夫する基本的なアプローチになります。

▶▶▶ ひまわりの画像の生成結果の違い

左は「ひまわり」、右は「色鉛筆で描いた明るいひまわり」での生成例

シチュエーションを指示する

特定のシチュエーションを描写した画像を生成したい場合は、生成する対象物に加えてシチュエーションを表す言葉をプロンプトに入力しましょう。

例えば「青い傘を持ったかわいい女の子」の画像を生成したい場合、 pretty girl | かわいい女の子 と with a blue umbrella in her hand | 青い傘を持っている を組み合わせて、 pretty girl with a blue umbrella in her hand といったプロンプトを入力します。このようにすることで、次ページのような画像を生成することが可能です。

▶▶▶「青い傘を持ったかわいい女の子」の生成例

指定したシチュエーションの
画像が生成された

ここでは特徴とシチュエーションについて触れましたが、希望通りの画像を生成するためのプロンプトの工夫は、他にも多種多様なものがあります。CHAPTER 11で利用頻度の高いプロンプトと生成結果の例を紹介しているので、Midjourneyでの画像生成に慣れてきたら、ぜひ活用してみてください。

画風を指示する

少し変わった工夫として、画風をプロンプトで指示する方法があります。例えば **japanese mountains in Van Gogh style｜ゴッホ風の日本の山々** と指示することで、次ページの画像のように著名画家のゴッホが描いたかのような日本の山々のイラストを生成できます。ゴッホに限らず、**in the style of ～｜～風の** といったプロンプトを利用すれば、さまざまな画風を再現することが可能です。

ただし、このようなプロンプトには問題もあります。例えば、存命中の画家の画風で生成した画像や、アニメやゲームに登場するキャラクターを模して生成した画像を私的利用の範囲外で使用することは、著作権侵害にあたります。画像生成AIと著作権については、CHAPTER 13で詳しく解説しているので、参考にしてください。

▶▶▶「ゴッホ風の日本の山々」の生成例

著名画家の画風で画像が生成された

プロンプトの区切り方にも注意

複雑なプロンプトを入力するときは、表現したい内容を「意味のある単位」で区切ることが重要です。例えば「猫」の画像を「白い背景」で生成したいときに、「cat, white, background」のようにプロンプトを区切って入力すると、白い毛色の猫が白い背景で生成される可能性が高くなります。これは「猫」と「白」と「背景」が別々のプロンプトとして認識され、「白い猫」か「白い背景」かがあいまいに判断されるためです。一方で「cat, white background」と入力すると「猫」と「白い背景」というプロンプトだと認識され、さまざまな毛色の猫が白い背景で生成されます。

基礎編

LESSON 11

#アップスケール
#バリエーション

画像の高解像度化や再生成を行う

Midjourneyでは、生成した画像を高解像度化したり、バリエーションを生成したりする操作がワンクリックで行えます。また、同じプロンプトでの再生成も可能です。

画像をアップスケールする

Midjourneyで画像を生成すると、最初は4枚がセットになった状態で結果が表示されます。LESSON 09の最後では、その4枚セットを1枚の画像として保存する方法を紹介しました。しかし、4枚がセットのままでは、ビジネス資料やWebデザインのための画像としては使いにくいでしょう。そこで覚えておきたいのが、1枚の画像への切り出しと高解像度化が行える「アップスケール」の機能です。

まず、Midjourneyが生成した4枚セットの画像は、以下の画面に示したように左上が「1」、右上が「2」、左下が「3」、右下が「4」と、内部的に番号が割り振られています。

▶▶▶ 4枚セットの画像に割り振られた番号

画面上には表示されないが、生成された4枚の画像には「1」～「4」の番号が割り振られている

そして、以下の生成画像の下にある［U1］～［U4］が「Upscale」（アップスケール）ボタンです。例えば［U1］をクリックすると、❶の画像がアップスケールされます。

▶▶▶ アップスケールボタン

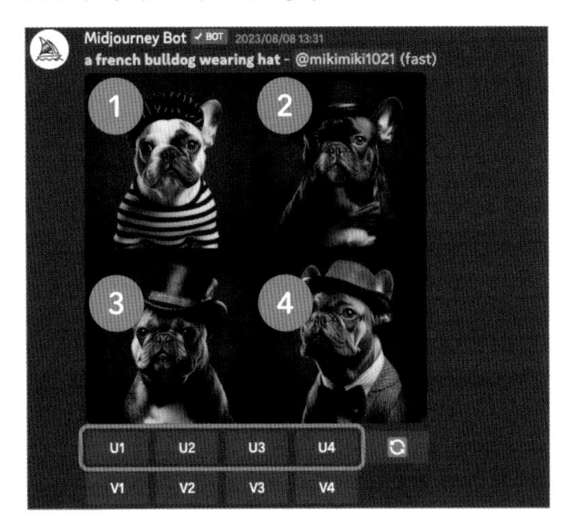

［U1］～［U4］のいずれかをクリックすると、番号に対応する画像がアップスケールされる

以下の画面が［U1］ボタンをクリックしたあとの状態です。4枚セットでなく、1枚の画像になっていることがわかります。さらに、画像の下には［Upscale(x2)］［Upscale(x4)］というボタンが並んでいます。このいずれかをクリックすると、1枚になった画像を2倍・4倍のピクセルサイズへと高解像度化することが可能です。

▶▶▶［U1］で生成した例

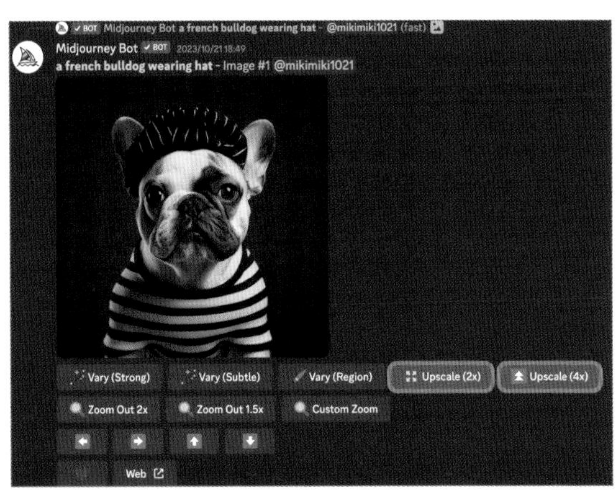

［Upscale(x2)］または［Upscale(x4)］をクリックすると、1枚になった画像を高解像度化できる

本書執筆時点では、Midjourneyが生成した最初の４枚セットの画像は2,048×2,048ピクセルのサイズがあります。[U１]～［U４］ボタンで１枚の画像にすると1,024×1,024ピクセルになるので、この時点ではアップスケール（高解像度化）ではなく、４枚から１枚の画像が切り出された状態です。その後に［Upscale(x２)］[Upscale(x４)］のいずれかをクリックすることで、１枚の画像で2,048×2,048ピクセル、4,096×4,096ピクセルに高解像度化される、という仕組みになっています。

画像のバリエーションを生成する

［U１］～［U４］ボタンの下には、さらに以下の画面で示した［V１］～［V４］ボタンがあります。これらは「Variation」(バリエーション）を意味しており、それぞれの番号に対応する画像をベースに、さらに４枚のバリエーション画像を生成できます。ベースとなる画像は問題ないが、もう少し違うパターンでの生成例が見たい場合に活用しましょう。

▶▶▶バリエーションボタン

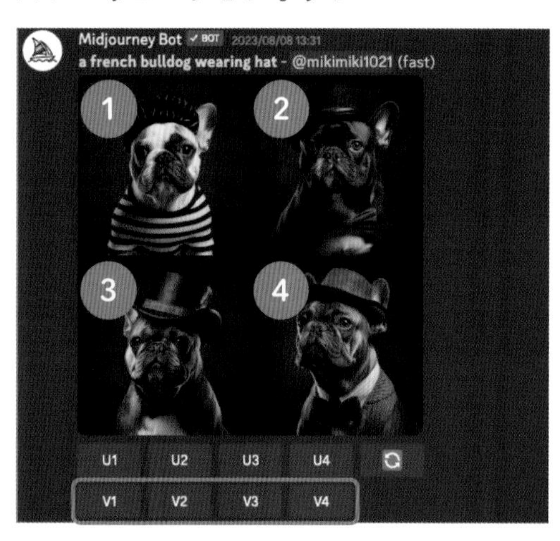

［V1］～［V4］のいずれかをクリックすると、違うパターンの画像が生成される

試しに❶の生成画像のバリエーションを生成してみます。❶に対応する［V１］ボタンをクリックしましょう。次ページにあるのが生成された画像で、もともと❶にあったボーダー柄を生かした４枚の画像が生成されました。

▶▶▶［V1］で生成した例

「1」に該当する画像のバリエーションが生成された

同じプロンプトで画像を再生成する

4枚セットの画像がいずれもイメージと異なっていた場合は、以下の画面に示した［更新］ボタンをクリックすることで、再度同じプロンプトで新しい画像を生成できます。ピンとくる画像がない場合に活用しましょう。

▶▶▶更新ボタン

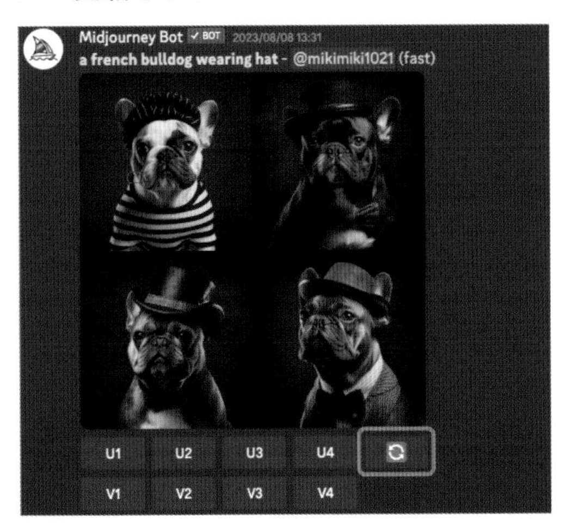

［更新］をクリックすると、同じプロンプトで画像の再生成が行われる

基礎編

LESSON 12

Image to Image
画像生成

手持ちの画像をもとに画像を生成する

Midjourneyでは、テキストのプロンプトから画像を生成できるだけでなく、手持ちの画像をもとに、それを加工・編集した画像を生成することもできます。

画像生成AIにおいて、ある画像をベースに別の画像を生成することを「Image to Image」(img2img) と呼びます。例えば、自分の写真をベースにして自分に似た人物の画像を生成したり、写真をアニメ調のイラストに変更したりなど、テキストだけでの指示では表現できない画像を作ることができます。Midjourneyでも、こうしたImage to Imageの利用が可能です。

手持ちの画像をアップロードする

MidjourneyでImage to Imageの画像生成を行うには、あらかじめベースとなる画像をDiscordからアップロードしておく必要があります。アップロードできる画像の形式はJPG / PNG / GIFなどです。ここでは例として、以下の画像を元画像として利用します。

▶▶▶ Image to Image のベースとなる画像の例

プロンプト

beautiful woman, dark hair, front view

画像を用意できたら、以下の画面のようにDiscordのチャットエリアにある［+］をクリックし、［ファイルをアップロード］を選択します。Windowsの場合は［開く］ダイアログボックスが表示されるので、画像を選択して［開く］をクリックしましょう。画像がチャット入力欄に表示されたら、そのまま Enter を押すと画像がアップロードされます。

▶▶▶ Discord での画像アップロード

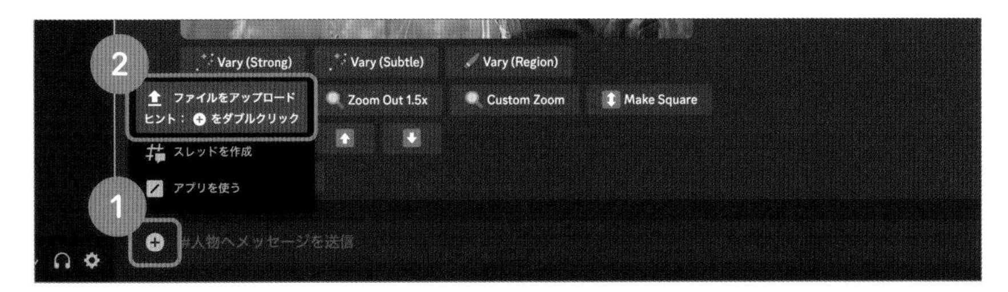

1 ［+］をクリック　2 ［ファイルをアップロード］を選択

続いて、アップロードした画像を拡大表示したあとに［ブラウザで開く］をクリックし、ブラウザーに表示されたURLをコピーしましょう。これでアップロードした画像のURLをコピーできました。このURLをプロンプトとして利用します。

▶▶▶ アップロードした画像 URL の取得

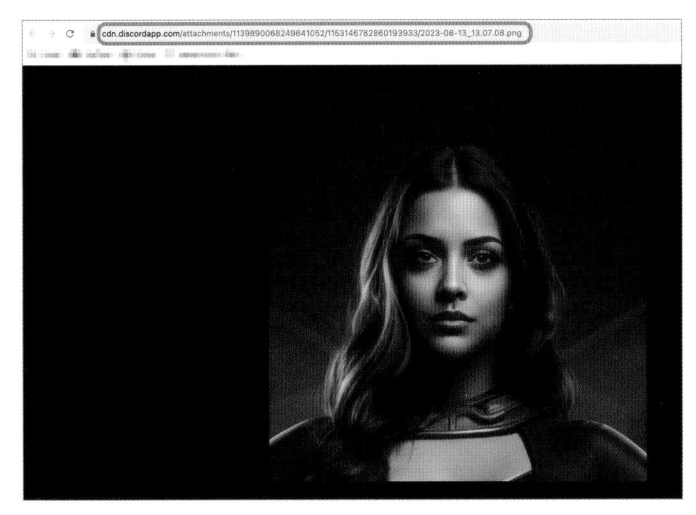

URLをコピーする

画像URLを含むプロンプトを入力する

画像URLをコピーできたら、ここまでと同様にチャットエリアに「/imagine」と入力し、プロンプトを入力できる状態にします。プロンプトには、先ほどコピーした画像URLを貼り付けてから「,」（カンマ）で区切り、その後に新しく生成したいプロンプトを入力しましょう。

ここでは例として、「10代の女性が2050年の未来から来たヒーローを演じる映画風キャラクター」という設定の画像を生成します。指定したプロンプトは **https://cdn.media.discordapp.net/attachments/###** **close up of a face of a teenager of female from 2050 | 2050年から来た10代の女性をアップした顔** **symmetrica | 左右対称** **front view | 正面** **historic action movie character | ヒーローものの映画キャラクター** **futuristic | 未来的** です。実際に入力するテキストは「https://media.discordapp.net/attachments/###, close up of a face of a teenager of female from 2050, symmetrica, front view, historic action movie character, futuristic」となります。

生成結果は以下のようになりました。元画像の雰囲気はそのままに、ヒーロー映画に登場しそうなキャラクターが生成されています。

▶▶▶画像をもとに別の画像を生成した例

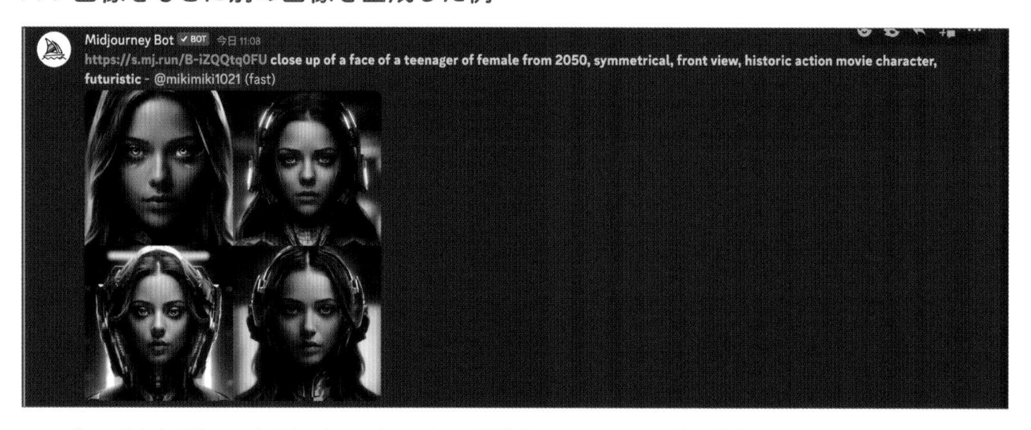

アップロードした画像URLを含むプロンプトから、元画像をベースにした画像が生成された

比較してみると、元画像の顔のパーツや雰囲気に沿って生成されていることがわかります。

▶▶▶元画像と生成された画像の比較

左が元画像、右が生成された画像。顔の特徴を引き継いでいることがわかる

プロンプト入力の3つのポイント

これまでにも述べてきた、Midjourneyでプロンプトを入力するときのコツや注意点を3つのポイントに分けて振り返ってみましょう。

1つ目は「,」(カンマ) の入力です。複数のプロンプトを入力するときは、単語の区切りごとに「,」＋半角スペースを入れることが推奨されています。半角スペースを入れるのは可読性をよくするためと、区切り部分を明確にする意図があります。ただ、実際には半角スペースを入れずに「,」で区切るだけでも生成は可能です。

2つ目は禁止用語についてです。ルールに沿ってプロンプトを入力しているのに生成できずエラーとなる場合は、プロンプトに禁止用語 (性的、暴力的、差別的な言葉など) が含まれている可能性があります。エラーが表示された場合は、プロンプトの内容を再確認しましょう。

3つ目は文章の区切り方です。Midjourneyは文法を認識できないため、プロンプト内の単語を修飾する場合は、形容詞を使って長い文章にならないように簡潔にまとめることが大切です。また、否定文をプロンプトに使用するのは避け、除外したい単語がある場合は、LESSON 14で解説するネガティブプロンプトを利用しましょう。

COLUMN 03

Canvaとの出会いからCanva Expertになるまで

デザイナーでなくても簡単におしゃれなデザインが作れる「Canva」(キャンバ) をご存知でしょうか？ ロゴ、プレゼンテーション、SNS投稿、動画など、さまざまな制作物を作成できるCanvaは、テンプレートを編集するだけでプロ並みのデザインが作れるという手軽さを魅力に、ここ2～3年で世界中でユーザーが激増しているツールです。

私はCanvaグローバル公認の公式アンバサダーである「Canva Expert」としても活動しているのですが、Canvaとの出会いは約3年前にさかのぼります。App Storeで「面白いアプリはないかな～」と探していると、デザインアプリ特集の中にCanvaがありました。デザイン制作系アプリはほぼすべてをダウンロードしてひと通り使っていたのですが、Canvaの使いやすさに衝撃を受けました。

今までのデザイン制作系アプリは使い方が複雑だったり、スマホでは操作しにくいものがほとんどでしたが、Canvaはとにかく操作が簡単で、スマホでもデザインがサクサク作れます。しかも、無料でほぼ制作できてしまうという優れモノです。「これは絶対に流行る！」というワクワクに加えて、Canvaが浸透することで「今後Webデザイナーの仕事は確実に減っていくな……」という恐怖の気持ちが同時に湧き上がったことを覚えています。

しかし、これからの時代、デザインに手を出したことのない、ノンデザイナー向けのデザインツールが普及していくことは確実です。「私の仕事がなくなるかも……」と怖がっているよりも、このような素晴らしいツールをシェアすることで「自分の新しい道を見つけていこう！」と思い、YouTubeなどでCanvaに関する情報発信を始めました。

それと同時に、私からCanvaグローバルに「何か一緒に取り組みができませんか？」と、Google翻訳を駆使しながら直接連絡してみました (笑)。

今考えると思い切った行動でしたが、当時はちょうどCanva Japanを起ち上げるタイミングだったようで、カントリーマネージャーの方とつなげてもらい、Canva Expertとして Canvaを広めるお手伝いをさせていただく機会をいただきました。何事もやってみることが大切ですね。最近ではMidjourneyのような画像生成AIの機能がCanvaでも無料で使えるようになったので、気になった方はぜひ使ってみてください。

基礎編

CHAPTER 04

Midjourneyの使いこなしを学ぶ

生成方法を変更するパラメーターや、アニメ風の
生成に特化した機能について学びましょう。

基礎編

LESSON 13

#パラメーター

パラメーターで画像の生成方法を変更する

Midjourneyでは、プロンプトに「パラメーター」を追加することで画像の生成方法を変更できます。ここでは利用頻度の高い6種類のパラメーターを解説します。

パラメーターとは

Midjourneyにおける「パラメーター」とは、画像の生成方法を変更するために、プロンプトに追加できるオプションのことを指します。本書執筆時点では「Basic Parameters」として15種類のパラメーターがあり、代表的なものに、生成する画像のアスペクト比（縦横比）を変更するパラメーターや、生成速度・品質を変更するパラメーターがあります。次のLESSON 14で解説する「ネガティブプロンプト」もパラメーターの一種です。

パラメーターは「--」(半角ハイフン2つ）から始まる文字列で表されるパラメーター名と、その内容を表す値のセットで記述し、以下の画面のようにプロンプトの末尾に入力します。この例では「--ar 16:9 --q 1」の部分がパラメーターに該当し、アスペクト比を指定する「--ar」と値「16:9」、品質を指定する「--q」と値「1」という2種類のパラメーターを入力しています。このように、パラメーターは複数指定することも可能です。

▶▶▶ パラメーターの入力例

prompt The prompt to imagine

/imagine prompt prompt a photograph, long shot, businesswoman, blue color palette --ar 16:9 --q 1

「--ar」と「--q」という2種類のパラメーターをプロンプトの末尾に入力している

パラメーターの入力方法には、いくつかのルールがあります。まず、プロンプトとパラメーターの間は「,」で区切らず、半角スペースを空けて入力します。また、「--」で始まるパラメーター名と値のセットも、「--ar 16:9」のように半角スペースで区切って入力します。ただし、ネガティブプロンプトで複数のキーワードを指定する場合、キーワードの間は「,」で区切って入力します。例えば「--no purple, pink」といった具合です。

このLESSONでは、筆者がよく利用し、ビジネスシーンでも利用頻度が高い6種類のパラメーターについて解説します。

アスペクト比を変更する

アスペクト比とは、画像の幅と高さの比率のことです。Midjourneyで生成した画像のアスペクト比は、デフォルトでは「1:1」となっていますが、「Aspect Ratios」（アスペクト・レシオ）パラメーターを追加することで変更できます。Aspect Ratiosパラメーターは「--ar」または「--aspect」と入力します。

アスペクト比を指定する値は、「--ar #:#」（「#」は半角数字）のようにパラメーター名に続けて入力します。「--ar」と「#:#」の間は半角スペースを空けてください。よく使うアスペクト比としては「16:9」や「2:3」があり、16:9の比率で画像を生成したい場合は「--ar 16:9」と入力します。以降、パラメーター名と値のセットを本書では **--ar 16:9** のように記載します。

例えば、高性能ノートパソコンの商品画像を16:9のアスペクト比で生成したい場合は、プロンプトは **product shot｜商品画像** **a high end laptop｜高性能ノートパソコン** と指定します。パラメーターは **--ar 16:9** と指定します。実際に入力するテキストは「product shot, a high end laptop」となり、次ページのような画像が生成されます。

▶▶▶ Aspect Ratios パラメーター「16:9」の生成例

「--ar 16:9」と入力し、アスペクト比が16:9の画像を生成した

InstagramやTikTokなど、縦長のコンテンツが好まれるメディアで利用する画像を生成したい場合は、アスペクト比を「9:16」にするといいでしょう。その場合は先ほどの例のパラメーターだけを --ar 9:16 に変更して生成します。また、代表的なアスペクト比と利用例を次の表にまとめています。

図表13-1 代表的なアスペクト比の利用例

アスペクト比	利用例
1:1	SNS投稿やプロフィール画像用
3:2	ポストカードや年賀状用
16:9	ブログや動画配信サイトのサムネイル用
9:16	SNSのストーリーと呼ばれる縦型コンテンツ用

生成速度と品質を変更する

「Quality」(クオリティ) パラメーターでは、画像生成にかかる時間 (生成速度) と品質を変更できます。パラメーター名は「--q」または「--quality」と記述し、値とセットにすると --q ## のように入力します。「##」には「1」「.25」「.5」の3種類の数値を指定でき、その数値が大きいほど画像生成に時間がかかる一方で、細部まで詳細に描かれた画像になります。逆に、数値が小さいほど画像生成にかかる時間は少なくなりますが、細部が生成されず抽象的な画像になります。

Qualityパラメーターに指定できる値と生成速度・品質をまとめると、以下の表のようになります。例えば「.25」で生成したい場合は --q .25 と入力してください。また、ここでの生成速度はLESSON 02で解説した「ファストモード」の生成時間に影響します。

図表13-2 Qualityパラメーターの値と生成速度・品質

値	生成速度	生成品質
1	デフォルトの速度	細部まで詳細に生成される
.5	「1」の2倍の速度	細部は少し抽象的に生成される
.25	「1」の4倍の速度	細部は抽象的に生成される

続いて、Qualityパラメーターを利用した生成例を見ていきましょう。まずはQualityパラメーターを利用しない場合と、利用した場合の生成結果を比較します。ここでは例として、アスペクト比を16:9に設定し、「日本人のInstagramモデルの写真」を生成します。Qualityパラメーターを入力しない場合のプロンプトは a photograph | 写真 instagram japanese model | 日本人のInstagramモデル --ar 16:9 と指定しました。実際に入力するテキストは「a photgraph, instagram japanese model --ar 16:9」で、次ページのような画像が生成できます。

▶▶▶ Quality パラメーターを利用しない場合の生成例

デフォルトの生成速度・品質で画像が生成された

本書執筆時点でのQualityパラメーターのデフォルト値は「1」なので、利用しない場合は最高画質で生成されます。今度は、生成速度は最速なものの画質は最低となる「.25」を指定してみましょう。先ほどのプロンプトの末尾に --q .25 を追加すると、以下の画像が生成されました。

▶▶▶ Quality パラメーター「.25」の生成例

プロンプト

a photograph, instagram japanese model --ar 16:9 --q .25

Qualityパラメーターを利用しない場合と比べて、特に桜や背景のディテールがより抽象的に生成されていることがわかります。この例だけを見ると「わざわざ低品質で生成する必要などないのでは？」と感じる人も多いと思いますが、あえてQualityパラメーターの値を低くするほうがいいこともあります。

例えば、回想シーンやメルヘンな風景など、柔らかい雰囲気を持った画像を生成したいときには、Qualityパラメーターの値を「.25」にするといいでしょう。以下の2つの画像は、左がQualityパラメーター「.25」、右が「1」の生成例です。ここで指定したプロンプトは **the cherry tree in front of my house is in full bloom｜我が家の前に咲いている満開の桜** です。末尾にそれぞれ **--q .25** と **--q 1** を追加しました。実際に入力するテキストは「the cherry tree in front of my house is in full bloom --q .25（および --q 1）」で、以下のような画像が生成できます。

▶▶▶ Quality パラメーター「.25」と「1」の違い

左は全体的にぼやけているが、柔らかい印象がある。右は窓の映り込みや遠くのクルマまで細かく描写されている

過去の生成画像と同じ雰囲気で生成する

Midjourneyでは、生成した画像すべてにseed（シード）値と呼ばれる乱数が割り振られています。そして、このseed値と「Seed」（シード）パラメーターを利用することで、過去に生成した画像と似たようなテイストや構図で、新しい画像を生成することが可能です。生成画像に一定の統一感を持たせたいときに便利なパラメーターといえます。

seed値を取得する

まず、過去に生成した画像のseed値を取得する手順を解説します。Discordで過去の生成画像（投稿）にマウスポインターをあわせて、右上に表示されるアイコンの左端にある

［リアクションを付ける］をクリックします。すると、以下の画面のように［リアクション］が表示されるので、メール（封筒）の形をした［envelope］アイコンをクリックしましょう。見つからない場合は「envelope」「メール」などで検索すると表示されます。

▶▶▶［リアクション］画面と［envelope］アイコン

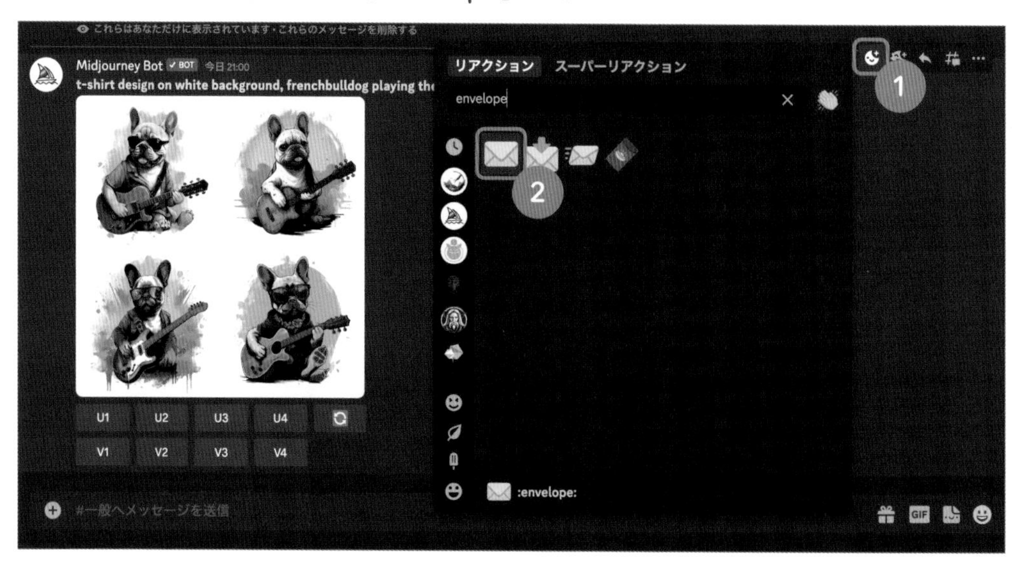

1 ［リアクションを付ける］をクリック

2 ［envelope］アイコンをクリック。見つからない場合は検索する

3 リアクションが付いたことを確認する

過去の生成画像に［envelope］アイコンでリアクションを付けると、Midjourneyから次ページの画面にあるようなダイレクトメッセージが届きます。このとき、LESSON 07で作成した「自分専用サーバー」内のチャンネルにメッセージが届くのではなく、ダイレクトメッセージとして届くことに注意してください。

Midjourneyからのダイレクトメッセージは、Discordの画面左側に表示されているバーの最上部にある［ダイレクトメッセージ］をクリックし、［Midjourney Bot］を選択することで表示できます。ダイレクトメッセージを受信するとバー内に通知が表示されるので、それをクリックしてもメッセージの確認が可能です。

▶▶▶ seed 値が記載されたダイレクトメッセージ

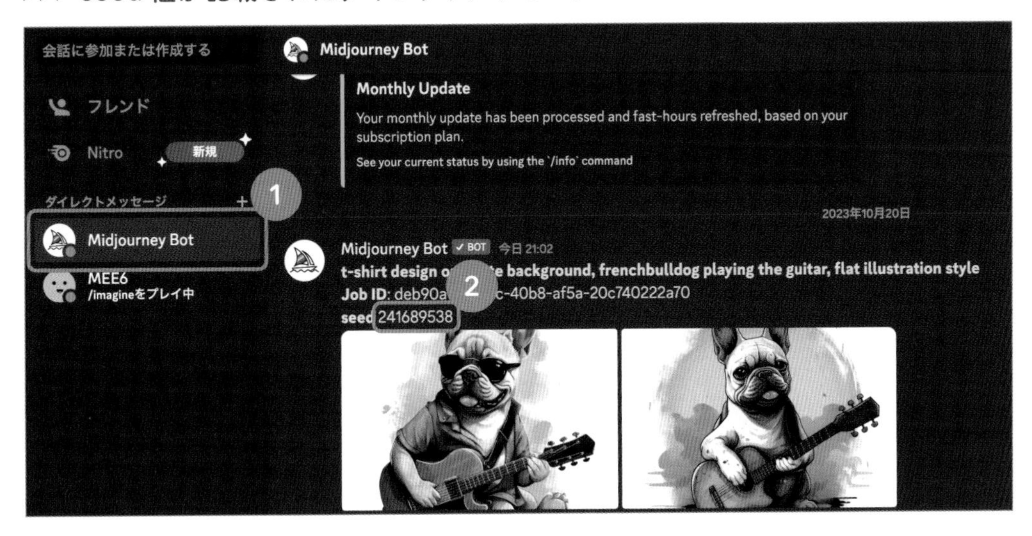

① Midjourney Botとのダイレクトメッセージをクリック

② [envelope] アイコンを付けた生成画像と、そのseed値が記載されている

届いたダイレクトメッセージには、[envelope] アイコンを付けた生成画像とプロンプトに加え、[Job ID] とseed値が記載されています。[seed] の後ろに続く数字がseed値なので、すべて選択してコピーしておいてください。

Seedパラメーターを利用する

seed値を取得したら、次はSeedパラメーターを利用して画像を生成していきます。Seedパラメーターは「--seed」に続いてseed値を入力することで利用でき、 --seed #### のように記述します。「--seed」とseed値の間には半角スペースを空けてください。

ここでは、フレンチブルドッグがギターを弾いているステッカー風の画像を例にしたので、そのテイストや構図を似せて、犬種をトイプードルに変更した画像を生成してみましょう。プロンプトとパラメーターは **sticker design on white background | 白い背景のステッカーデザイン** **toy poodle playing the guitar | ギターを弾いているトイプードル** **flat illustration style | フラットなイラストスタイル** **-seed ####** と指定しました。実際

に入力するテキストは「sticker design on white background, toy poodle playing the guitar, flat illustration style --seed ####」で、生成された画像は以下の通りです。seed値を取得した画像と似たテイストや構図になっていますが、意図通りに再現されたかというと、判断が難しいところです。このような場合は、何度も生成を繰り返して好みに近づけていくといいでしょう。

▶▶▶ Seedパラメーターの生成例

トイプードルがギターを弾いている
ステッカー風の画像が生成された

元画像の参考度合いを指定する

LESSON 12では、手持ちの画像をもとに画像を生成するImage to Imageについて解説しました。Image to Imageでは元画像をアップロードしたURLとテキストのプロンプトを組み合わせて入力しますが、このときに「Image Weight」(イメージウェイト) パラメーターを追加すると、元画像とプロンプトに対する重み付けを調整することが可能です。

Image Weightパラメーターは「--iw」の後に半角スペースを空け、「.5」～「2」の値を入力します。例えば --iw 1 と入力した場合、元画像が50%、テキストのプロンプトが50%の重み付けとなります。値が高いほど、元画像を忠実に再現して生成します。なお、Image Weightパラメーターを指定しない場合の重み付けは、元画像が20%、テキストのプロンプトが80%となります。

Image Weightパラメーターを利用するには元画像が必要になるので、LESSON 12で解説した通り、あらかじめDiscordからアップロードしておいてください。画像のURLを取得したら、そのURLとテキストのプロンプト、Image Weightパラメーターを入力します。今回の例では、プロンプトとパラメーターは woman in business district｜オフィス街にいる女性 --iw 2 と指定しました。実際に入力するテキストは「woman in business district --iw 2」です。元画像と生成結果の画像は以下のようになります。Image Weightパラメーターの値を最高の「2」にしているので、元画像の女性をかなり忠実に再現しつつ、テキストのプロンプトにも従った画像となっていることがわかります。

▶▶▶ 元画像の例

プロンプト

a photograph, japanese business woman, middle part, white background

▶▶▶ Image Weight パラメーター「2」の生成例

「--iw 2」と入力して生成。元画像の特徴を忠実に再現できている

プロンプトの忠実度を指定する

画像生成AIであるMidjourneyは、さまざまな画像の色や構図、テイストから芸術性を学習し、その学習データに基づいて画像を生成しています。もちろん、実際に生成するときにはユーザーが入力したプロンプトに従うわけですが、それにMidjourneyの学習データが加味されたうえで、画像が生成される仕組みになっています。

「Stylize」(スタイライズ) パラメーターを利用すると、ユーザーが入力したプロンプトと、Midjourneyの学習データに対する重み付けを変更できます。つまり、プロンプト以外の生成の解釈を、Midjourneyの裁量にどの程度任せるかを指定することが可能です。Midjourneyからの提案や新しい発見を得たい場合や、逆に自分のプロンプトに厳密に従ってほしい場合に利用します。

Stylizeパラメーターのパラメーター名は「--s」または「--stylize」となり、半角スペースに続けて値を「0」～「1000」の間で指定します。例えば --s 1000 のように記述します。Stylizeパラメーターを使わない場合のデフォルト値は「100」となっています。

値が高いほど、プロンプトへの忠実度が低くなる一方で、Midjourneyの学習データに対する重み付けが大きくなり、芸術性の高い画像が生成されやすくなります。逆に値が低いほど、入力されたプロンプトを忠実に再現して画像を生成します。ただし、その場合はMidjourneyの学習データが考慮されることが少なくなるため、芸術性が低い生成結果になりやすくなります。

Stylizeパラメーターの値によって、生成結果にどのような違いがあるかを比較してみましょう。まずはStylizeパラメーターを追加せず、デフォルトの状態でプロンプトを入力します。例として、アスペクト比を「16:9」、品質を「1」として、「混雑した道を歩いている青色のスーツのビジネスウーマンを引きの写真で撮る」という設定で生成します。プロンプトとパラメーターは a photograph｜写真 long shot｜引きの撮影 business woman walking down a busy street｜混雑した道を歩いているビジネスウーマン

blue color palette｜青色 --ar 16:9 --q 1 と指定しました。実際に入力するテキストは「a photograph, long shot, business woman walking down a busy street, blue color palette --ar 16:9 --q 1」で、生成結果は以下の画像のようになります。前述の通り、Stylizeパラメーターを指定しない場合の値は「100」となり、プロンプトに従いつつも、Midjourney独自の解釈が加えられていることがわかります。

▶▶▶ Stylize パラメーターを利用しない場合の生成例

プロンプトに従いつつ、それ以外の解釈も感じられる

次に、Stylizeパラメーターの値を最大の「1000」にして生成した結果が、以下の画像です。先ほどのプロンプトの末尾に --s 1000 を追加しています。女性の髪の毛が巻かれている、やや華美な服装になっている、背景のぼかしが強くなっているなど、先ほどの画像よりも自由に解釈されている様子がうかがえます。

▶▶▶ Stylize パラメーター「1000」の生成例

女性の髪型や服装などに、プロンプトにはない要素が加わっている

最後に、Stylizeパラメーターの値を最小の「0」にして生成してみます。プロンプトは変更せず、Stylizeパラメーターを --s 0 として生成した結果が以下の画像です。プロンプトを忠実に再現していますが、「混雑した道」についてはMidjourneyにうまく伝わっていない印象を受けます。

▶▶▶ Stylize パラメーター「0」の生成例

プロンプトを忠実に再現しているが、やや面白みのない画像になっている

生成画像の奇妙さを指定する

Stylizeパラメーターで説明したように、Midjourneyはさまざまな画像の色や構図、テイストなどを学習しているため、よほど変わったプロンプトを入力しない限り、おかしな画像が生成される確率は低いです。しかし、「Weird」(ウィヤード) パラメーターを利用すると、生成画像に「奇妙さ」を意図的に加えられます。Weirdパラメーターの値が高いほど、奇妙さに大きな影響を与えます。

Weirdパラメーターのパラメーター名は「--w」または「--weird」となり、半角スペースに続けて値を「0」～「3000」の間で指定します。例えば --w 3000 のように記述します。Weirdパラメーターを使わない場合のデフォルト値は「0」です。値を高くすることで型破りでユニークな画像が生成されやすくなるため、思わぬ発見に期待できますが、まずは「250」や「500」からスタートして適宜調整していくのがおすすめです。

実際にWeirdパラメーターを利用した生成例を確認していきましょう。まずは利用しない場合の例として「天気のいい暑い夏の日の写真」という設定で生成します。プロンプトとパラメーターは photograph｜写真 nice summer day｜天気のいい夏の日 --ar 16:9 --q 1 と指定しました。実際に入力するテキストは「photograph, nice summer day, --ar 16:9 --q 1」となり、生成結果は以下の画像のようになります。

▶▶▶ Weird パラメーターを利用しない場合の生成例

奇妙さはなく、プロンプトから想像できる画像が生成された

次に、Weirdパラメーターの値を「400」にして生成したのが、以下の画像です。先ほどのプロンプトの末尾に --w 400 を追加しています。「天気のいい暑い夏の日の写真」ではありますが、若干の違和感を覚える仕上がりになりました。

▶▶▶ Weird パラメーター「400」の生成例

デフォルト値の場合に比べると、不明瞭な画像が生成された

基礎編

LESSON 14

ネガティブプロンプトで特定要素を除外する

ネガティブプロンプト
パラメーター

「ネガティブプロンプト」とは、画像に含めてほしくない指示のことで、Midjourneyでは「No」パラメーターで指定します。利用例とあわせて見ていきましょう。

ネガティブプロンプトとは

LESSON 13では、画像生成AIのプロンプトについて「何を描写してほしいかを伝える指示文」であると解説しました。一方で、生成時に不要だと感じる要素を指示する、つまり「何を描写してほしくないかを伝える指示文」のことを「ネガティブプロンプト」と呼びます。プロンプトとは逆の役割を持つ指示文であり、ネガティブプロンプトを指定することで、指定した要素が生成時に画像から取り除かれます。

前のLESSON 13でも述べた通り、Midjourneyにおけるネガティブプロンプトはパラメーターの一種であり、「No」パラメーターの値として指定します。実際の入力方法や利用例を見ていきましょう。

Noパラメーターを利用する

Noパラメーターのパラメーター名は「--no」で、半角スペースに続いて値、つまりキーワードを入力していきます。ここでは例として、「フルーツボウル」の画像をバナナを取り除いた状態で生成したいとしましょう。普通にフルーツボウルの画像を生成すると、次ページのようになりました。

▶▶▶ No パラメーターを利用しない場合の生成例

プロンプト

bowl of fruits

ボウルの上にはバナナやブドウ、桃に加えて、バナナが描写されています。ここからバナナを取り除きたい場合、ボウルに盛る果物を1つ1つプロンプトで指定していく方法もありますが、効率的とはいえません。このようなときがネガティブプロンプトの出番です。

今度は「bowl of fruits --no banana」というふうに、プロンプトに続けてNoパラメーターを入力します。「--no banana」の部分が「バナナは除く」という意味のネガティブプロンプトです。以降、ネガティブプロンプト（Noパラメーター名と値のセット）を本書では banana｜バナナ のように記載します。生成結果は次ページの画像となり、バナナが画像に含まれていないことがわかります。

▶▶▶ No パラメーター「banana」の生成例

ボウルに盛ったフルーツの中に、バナナは含まれていないことがわかる

Image Weightパラメーターと組み合わせる

ネガティブプロンプトでバナナを除いて生成しても、違うフルーツが生成されたり、ボウルそのもののデザインが変わってしまうことがあります。ネガティブプロンプトを指定する前の画像の雰囲気を重視したい場合は、LESSON 13で解説したImage Weightパラメーターと組み合わせましょう。元画像を再現しつつ、そこからバナナを取り除いた画像に近づけることができます。

複数のキーワードを指定する

ネガティブプロンプトとして、複数のキーワードを指定することも可能です。その場合は「--no」に続けて、キーワードを「,」（カンマ）で区切って入力します。次ページの画像は「ウェディングブーケ」の生成例です。色に紫やピンクが使われていますが、紫とピンクは除外したいとしましょう。

▶▶▶ No パラメーターを利用しない場合の生成例

プロンプト

wedding bouquet

希望通りの画像を生成するには、プロンプトとネガティブプロンプトとして wedding bouquet｜ウェディングブーケ purple｜紫 pink｜ピンク を指定します。実際に入力するテキストは「wedding bouquet --no purple, pink」です。その結果、以下のように紫とピンクを除外したウェディングブーケの画像が生成されました。描写してほしくない特定の要素があるときには、ネガティブプロンプトを活用しましょう。

▶▶▶ No パラメーター「purple, pink」の生成例

紫とピンクが取り除かれ、黄色のウェディングブーケが生成された

基礎編

LESSON 15

にじジャーニーでアニメ風の画像にする

#にじジャーニー
#イラスト

本書の冒頭でも触れた「にじジャーニー」は、アニメ風の画像生成に特化したMidjourneyの機能です。イラストの雰囲気を5つのスタイルから選ぶこともできます。

にじジャーニーとは

これまでのLESSONでも見てきたように、Midjourneyが生成する画像の多くは写実的で、特に人物や動物、風景では、写真と見間違うような仕上がりとなることもよくあります。一方で、イラストのような仕上がりでも、アニメやマンガというよりは、油絵や水彩画のようなアート寄りの生成結果となることが多い印象です。

「にじジャーニー」は、アニメやマンガのような画像を生成できるMidjourneyの機能の1つです。追加料金を支払う必要はなく、現在契約中のプランでそのまま利用できます。絵を描くことが得意でなくても、にじジャーニーを利用すればプロンプトの入力だけでアニメ・マンガ風の画像を生成できるため、SNSのアバターやプロフィールアイコンに使うなど、さまざまなシーンで活用できます。

ただし、アニメ・マンガ風のイラストは現存するクリエイターによる作品も多いため、著作権侵害に気を付けましょう。Midjourneyと著作権についてはCHAPTER 13で解説しています。

生成モデルを切り替える

まずは、にじジャーニーを使える環境にしていきましょう。Midjourneyでは、設定画面から画像生成に利用する「モデル」を切り替えることができます。これを通常のモデルから、にじジャーニーに切り替えていきます。

Discordのチャット入力欄に「/settings」と入力して Enter をクリックすると、以下の画面のようなメッセージが届きます。これがMidjourneyの設定画面です。いちばん上にあるプルダウンメニューを開くと、デフォルトでは生成モデルとして［Use the latest model(5.2)］(最新のモデルを使用。本書執筆時点ではV5.2）が選択されています。このメニュー内で［Niji Model V5］を選択すると、以降は生成モデルとして、にじジャーニーを利用するようになります。

▶▶▶ Midjourney の設定画面

生成モデルのプルダウンメニューで［Niji Model V5］を選択する

通常のMidjourneyに戻す方法

にじジャーニーを利用した画像生成を終了する場合は、再度「/settings」と入力してから Enter をクリックし、プルダウンメニューから［Use the latest model(5.2)］を選択することで、通常のMidjourneyに戻せます。

にじジャーニーで画像を生成する

にじジャーニーでの画像の生成方法は、これまでに解説してきたMidjourneyでの生成方法と同様です。Discordのチャット入力欄に「/imagine」と入力してから、プロンプトを入力していきましょう。

最初の例として、**cream color frenchbulldog&baby girl｜クリームカラーのフレンチブルドッグと小さな女の子**というプロンプトで生成した結果が以下の画像です。これまでに生成した画像とは明らかに異なる、かわいらしいアニメ風のイラストとなっていることがわかります。「小さな女の子」は人間の女の子だけでなく、フレンチブルドッグの女の子としても解釈されているようです。

▶▶▶にじジャーニーでの生成例

かわいらしいアニメ風の画像が生成された

上記の画面にあるプロンプトを見ると、末尾に「--niji 5」というパラメーターが付与されていることが確認できます。先ほど、Midjourneyの設定画面で生成モデルをにじジャーニーに切り替えましたが、この設定によってプロンプトの末尾に「--niji 5」パラメーターが常時付与され、にじジャーニーを利用した画像生成が行われる仕組みになっています。

なお、にじジャーニーは日本語でのプロンプトの入力に対応しています。例として**お弁当を食べている猫**と**cat nibbling on lunch box**で生成した結果を比較したのが、以下の画像です。

左は日本語で入力した結果で、猫が何かを食べようとしているのは伝わりますが、お弁当ではありません。一方で、右の英語で生成した結果では、お弁当を食べている猫が正しく生成されていることがわかります。このように、日本語に対応しているとはいえ、英語のプロンプトのほうがイメージに近い画像を生成しやすい傾向にあるようです。

▶▶▶ 日本語と英語での生成結果の比較

左が日本語、右が英語でそれぞれ生成している

「--niji 5」と直接プロンプトを入力することでも生成できる

プロンプトの末尾に --niji 5 とパラメーターを入力することでも、にじジャーニーで画像を生成できます。必要に応じて手動でパラメーターを付与してみましょう。

生成スタイルを切り替える

にじジャーニーを利用した画像生成では、あらかじめ用意された5種類の「スタイル」を選択することで、仕上がりの雰囲気を変更できます。先ほどと同様にMidjourneyの設定画面を表示すると、すでに生成モデルとして［Niji Model V5］が選択された状態になっているはずです。そして、以下の画面に示したように［Default Style］［Expressive Style］［Cute Style］［Scenic Style］［Original Style］という5つのボタンが確認できます。これらが、にじジャーニーの生成スタイルを表しています。

▶▶▶にじジャーニーの生成スタイルの選択画面

生成スタイルを表す5つのボタン。選択中のスタイルは緑色で表示される

Midjourneyの設定画面で選択した生成スタイルは、生成モデルと同様に、プロンプトの末尾にパラメーターとして自動的に付与されます。例えば、設定画面で［Expressive Style］を選択した場合、--niji 5 に続いて --style expressive が常時付与されます。設定画面で生成スタイルを選択しない場合でも、後述するようにスタイルごとのパラメーターを手動で付与することも可能です。

生成スタイルの違い

にじジャーニーの生成スタイルごとの特徴と、それらによる生成結果の違いを確認していきましょう。まず、生成スタイルごとの特徴を一覧にすると、次ページの表のようになります。

図表15-1 にじジャーニーの生成スタイルと特徴

生成スタイル	特徴
Default Style	にじジャーニーの基本的な生成スタイル。スタイルを指定しない場合に選択される
Expressive Style	立体感を抑えたテイスト、かつ色のコントラストと彩度の高さが特徴
Cute Style	かわいらしいパステル調のイメージが特徴
Scenic Style	逆光風の光でドラマチックに生成されるのが特徴
Original Style	黒の発色が印象的で、背景から光が当たることで人物が逆光となり、ミステリアスな雰囲気に生成されるのが特徴

以降では、各スタイルの生成結果を順に見ていきます。比較をわかりやすくするために、プロンプトは「晴れた日に未来都市で立っている制服を着た女の子」に統一し、**a girl wearing uniform｜制服を着ている女の子** **standing in a city of the future｜未来都市に立っている** **sunny day｜晴れた日** と入力しました。にじジャーニーを表すパラメーターである **--niji 5** と、生成スタイルを表す **--style ####** は、Midjourneyの設定画面で選択したものが自動的に付与されるため、ここでは省略しています。

Default Style

現代のアニメやマンガとしてスタンダードな仕上がりになる

「Default Style」(デフォルトスタイル) は、にじジャーニーの基本的な生成スタイルです。スタイルを指定しない場合は、このスタイルで生成されます。クールなイメージであったり、光が印象的であったりなど、さまざまなテイストでの生成を得意とします。生成スタイルに迷った場合は、まずはDefault Styleで生成してみましょう。なお、このスタイルを利用する場合は、手動でパラメーターを追加する必要はありません。

Expressive Style

立体感を抑え、背景のコントラストが効いた仕上がりになる

「Expressive Style」（エクスプレッシブスタイル）は、立体感を抑えたテイストでコントラストの効いた、彩度が高めの画像を生成できます。背景はベタ塗りのようなシンプルな仕上がりになります。手動でこのスタイルを利用する場合は、パラメーターとして --style expressive を追加します。

Cute Style

シンプルで陰影が少なく、かわいらしい仕上がりになる

「Cute Style」（キュートスタイル）では、にじジャーニーによる生成画像の中でも、特にシンプルでかわいらしいイラストを生成できます。光の陰影を控えめにし、立体感も抑え気味な仕上がりになります。また、全体的にパステル調の色合いとなるのも特徴の1つです。手動でこのスタイルを選択する場合は、パラメーターとして --style cute を追加します。

Scenic Style

逆光が印象的でドラマチックな仕上がりになる

「Scenic Style」(シーニックスタイル) では逆光風の画像が多く、全体的に少し青みがかった色合いで生成されます。細かな背景描写の美しさが際立つ仕上がりと、幻想的な背景や映画ワンシーンのようなドラマチックな画像を得意とします。手動で選択する場合は、パラメーターとして --style scenic を追加します。

Original Style

陰影が強調されたダークかつミステリアスな仕上がりになる

「Original Style」(オリジナルスタイル) は、全体的にダークなイメージで光と影が強調されて生成されます。ミステリアスな雰囲気で生成したいときにおすすめです。手動で選択する場合は、パラメーターとして --style original を追加します。

にじジャーニーのスマホアプリが登場

AndroidとiOS向けに、にじジャーニー専用のスマホアプリ「niji・journey」がリリースされています。無料で20回までイラストを生成でき、サブスクリプションに登録することで、無制限に画像を生成できます。気になる方はこちらもダウンロードしてみるといいでしょう。

COLUMN 04

AIの台頭でクリエイターの仕事はなくなるのか

2023年に入ってからというものの、文章生成AI（対話型AI）の「ChatGPT」や「Google Bard」、LESSON 01でも簡単に触れた画像生成AIの「Stable Diffusion」「DALL・E3」「Adobe Firefly」、そしてMidjourneyと、数え切れないほど多くのAIサービスがリリースされました。今まで自分たちで時間をかけて行っていた文章作成やリサーチ、デザインに利用する画像素材の作成などが、AIの力を借りることで一瞬でできるようになってきています。

今後、これらのAIサービスがより広く浸透していくことで、私たちのようなクリエイターの仕事はAIに奪われてしまうのでしょうか？ 私としては、その答えは「Yes」と「No」の両方だと考えます。

AIは今後、クリエイティブな仕事に限らず、どのような分野でもさまざまな形で確実に導入され、今まで人間が行っていた業務をAIが担うようになるでしょう。しかし、すべての業務をAIができるわけではありません。そこには必ず人間による「指示」や「確認」が必要になります。私たちが大切にすべきなのは、「どうしたらAIに仕事を奪われずに済むのか？」ではなく、「どうしたらAIをうまく使いこなせるようになるのか？」という考え方ではないでしょうか。

私はブログも運用していますが、記事を１本書くだけでも時間がかかります。最近はChatGPTなどを使い、記事のアイデアや執筆のたたき台などを作成しています。これにより今まで記事１本にかけていた時間が短縮され、別の作業に時間を割けるようになりました。YouTubeの更新頻度を上げたり、新しい講座を作成したりと、時間を有効に使えるようになったのです。優秀な秘書がサポートについてくれている感覚です。

AIに使われる側になるのではなく、AIを使いこなす側になることで、仕事の幅が今よりもさらに広がる可能性があります。また、今まで費やしていた業務をAIに任せることで、新しいことにチャレンジする時間も生まれることでしょう。AIとうまく共存していくことが、これからの時代に大切になると考えています。

実践編

CHAPTER 05

ビジネス資料用の画像を生成する

架空のビジネス資料を例に、人物モデルや背景画像を
生成する方法を学びましょう。

実践編

LESSON 16

人物モデルや商品のイメージ画像を生成する

#人物モデル
#商品イメージ

社外向けの企画書やプレゼン資料では、印象的なビジュアルを盛り込みたい人も多いでしょう。Midjourneyを活用すれば、人物や商品イメージを簡単に生成できます。

ここからは実践編として、CHAPTERごとに具体的なデザインの成果物を示しながら、「Midjourneyで生成した画像やイラストが実際のデザインでどのように使えるか？」という実例とアイデアを紹介していきます。各CHAPTERのLESSONでは、その成果物で使っている画像のプロンプトやパラメーターについて1つずつ解説していくので、みなさんが画像生成とデザインをするときの参考にしてください。

このCHAPTERでは、企画書や提案書などのビジネス資料を成果物として取り上げます。以下が今回の例となる架空のスキンケア商品ブランド「Ririan Beauty」の企画書で、表紙と「商品の特徴」「販促計画」のスライドを作成しました。すべての画像素材をMidjourneyで生成しており、それらをPowerPointなどでデザインしたものだと考えてください。

▶▶▶ 企画書の「表紙」スライド

商品のターゲット層を意識した女性の画像をMidjourneyで生成している

▶▶▶企画書の「商品の特徴」スライド

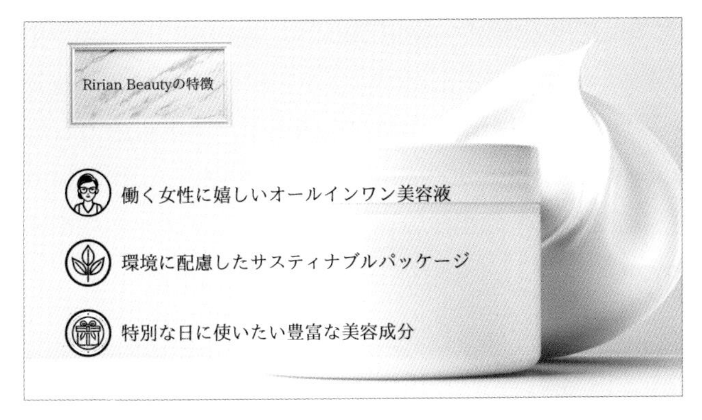

背景の商品イメージのほか、アイコンや見出し下のフレームをMidjourneyで生成している

▶▶▶企画書の「販促計画」スライド

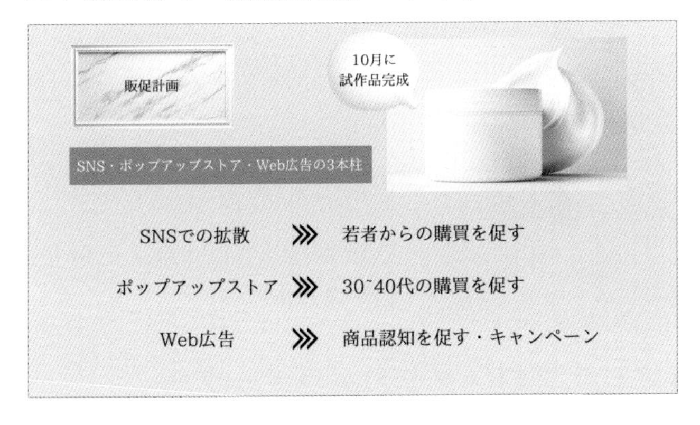

吹き出しや矢印をMidjourneyで生成している

そして、このLESSONでは、表紙スライドの人物モデルと「商品の特徴」スライドの背景にある商品イメージの画像を生成します。「Ririan Beauty」のターゲットとなる消費者や世界観などが伝わるような見た目に仕上げるため、プロンプトを工夫していきます。

人物モデルの画像を生成する

まずは企画書の表紙に使用する人物モデルの画像を生成していきましょう。人物の画像を生成するときは、「生成したい被写体」に加えて、「どのような姿なのか」「どのような場所にいるのか」といった描写がわかるプロンプトを簡潔に入力するのがポイントです。

今回は「Ririan Beauty」のターゲットとなる「30代のナチュラルな日本人女性」の画像を16:9のアスペクト比で生成するため、**beautiful natural japanese woman｜美しい日本の女性** **30 years old｜30歳** **white tank top｜白いタンクトップ** **white background｜白い背景** **--ar 16:9** というプロンプトとパラメーターを指定しました。実際に入力したテキストは「beautiful natural japanese woman, 30 years old, white tank top, white background --ar 16:9」です。生成結果は以下の画像の通りで、各プロンプトとパラメーターの詳しい解説は次の表にまとめています。

▶▶▶ 30 代の日本人女性の生成例

「30代のナチュラルな日本人女性」の画像が生成された

図表16-1 人物モデルで指定したプロンプト／パラメーター

プロンプト／パラメーター	解説
beautiful natural japanese woman	生成したい被写体を再現するためのメインプロンプト。ここでは「ナチュラルな美しい日本人女性」と指定
30 years old	「30代」と年齢を指定
white tank top	「白いタンクトップ」という服装の指定。他の服装にしたい場合も同様に指定する
white background	「Ririan Beauty」のイメージカラーは白としているため、「白い背景」と指定。背景として背景色を指定することも可能
--ar 16:9	アスペクト比を指定したパラメーター。ここでは企画書（スライド）にあわせて16:9としている

生成された4枚のうち、スライドに利用するのは1枚のみです。今回は前掲の生成結果のうち、左上の画像を使うことにするので、Discord上でアップスケールボタンの［U1］をクリックし、保存します。生成結果は毎回異なるので、好みの画像をアップスケールして保存しましょう。人物モデルの構図やポーズ、表情に関するプロンプトはCHAPTER 11を参照してください。

商品のイメージ画像を生成する

次に、商品のイメージ画像を生成します。今回の企画書は、架空のスキンケア商品ブランド「Ririan Beauty」から新発売する予定の美容クリームをテーマにしていますが、まだ商品そのもののデザインが決定しておらず、実物を撮影した写真もありません。このようなケースは、実際のビジネスシーンでもあるのではないでしょうか。

そこで、商品の仮画像と、使用時のイメージを組み合わせた画像をMidjourneyで生成することにします。プロンプトとパラメーターは **a clean white minimalist｜シンプルで白く清潔感のある** **a skincare product｜スキンケアプロダクト** **white background** **--ar 16:9** と指定しました。テキストは「clean white minimalist, a skincare product, white background --ar 16:9」となります。生成結果と各プロンプトの解説は以下と次ページの通りです。

▶▶▶美容クリームの商品イメージの生成例

「清潔感のある白いスキンケアプロダクト」の画像が生成された

図表16-2 商品のイメージ画像で指定したプロンプト

プロンプト名	解説
a clean white minimalist	直訳すると「清潔感のある白いミニマリスト」となるが、ここでは「シンプル（ミニマル）で白く清潔感のある」といった意味合いで指定
a skincare product	スキンケアのプロダクトであることを宣言。他の商品でも、商品のジャンルや特徴などを端的に示したプロンプトを入力する
white background	イメージカラーは白としているので「白い背景」と指定

なお、商品のイメージ画像では、生成結果に文字やロゴが含まれていることがあります。それらを消したい場合は、LESSON 14で解説したネガティブプロンプトを利用しましょう。特に、Midjourneyが生成する文字は「それっぽい雰囲気」になっているだけで、実際に読めたり意味が通ったりしているわけではありません。

文字やロゴを生成結果に含めないように生成するには、**text｜文字** **logo｜ロゴ** とネガティブプロンプトを追加しましょう。先ほどのプロンプトに追加すると「clean white minimalist, a skincare product, white background --ar 16:9 --no text, logo」となります。ただし、それでも文字やロゴが含まれてしまうことがあるので、その場合は画像編集アプリを使って手動で消す必要があります。

さまざまな商品のイメージ画像

他にも商品のイメージ画像を作成する例を紹介しましょう。例えば、「Ririan Beauty」ブランドで歯ブラシを新商品として発売すると仮定すると、先ほどの美容クリームで **a skincare product｜スキンケアプロダクト** としていたプロンプトを、**a toothbrush product｜歯ブラシのプロダクト** に変更します。生成結果と全体のテキストは次ページの通りです。

▶▶▶ 歯ブラシの商品イメージの生成例

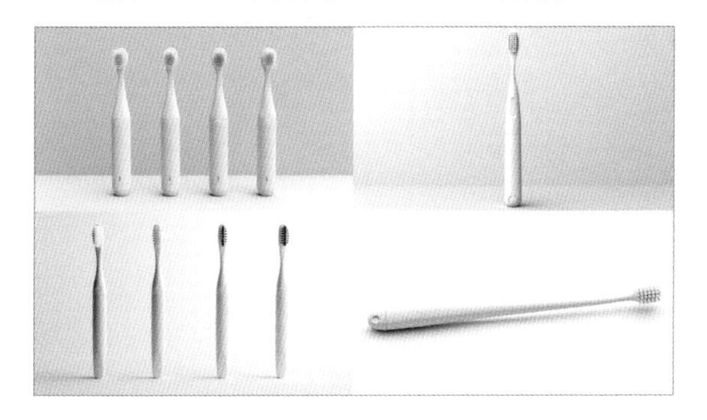

プロンプト

a clean white minimalist, a toothbrush product, white background --ar 16:9

「Ririan Beauty」ブランドとは離れて、商品のイメージ画像を生成する例も紹介しましょう。以下の画像は、ゲーミングキーボードの商品イメージを生成した例です。プロンプトのプロダクト名に a computer keyboard product｜パソコンのキーボードのプロダクト と指定し、全体的なイメージを illumination｜イルミネーション に、そして背景は black background｜黒い背景 にしています。このように、Midjourneyではさまざまな商品の仮画像やイメージ画像の生成が可能で、「本物の商品写真ではないが、だいたいのイメージが伝わる画像を用意したい」といったシチュエーションで重宝します。

▶▶▶ ゲーミングキーボードの商品イメージの生成例

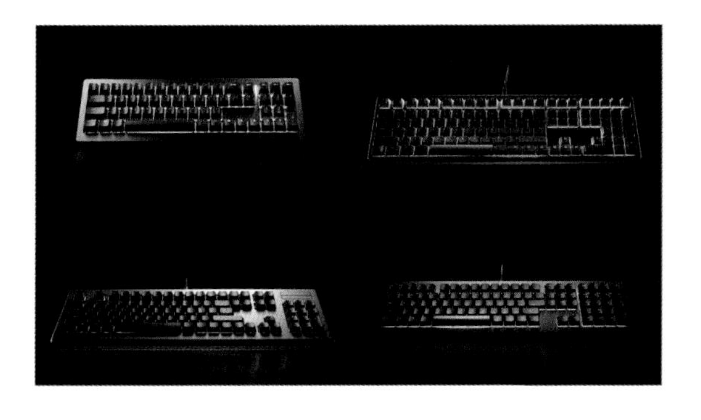

プロンプト

illumination, a computer keyboard product, black background --ar 16:9

実践編

LESSON 17

#イラスト
#アイコン

ピクトグラム風のアイコンを生成する

企画書やビジネス資料では、ひと目で情報を理解してもらうために、単純な絵や図形で表したアイコンがよく使われます。これらをMidjourneyで生成してみましょう。

企画書などのビジネス資料を作成する際に、適切なワンポイントイラストやアイコン素材を見つけるのに時間がかかるという経験は、多くの人が共感できるのではないでしょうか。このようなワンポイントパーツは企画書を彩るだけでなく、重要な項目を強調できます。このLESSONでは「Ririan Beauty」の美容クリームの特徴を伝えるために作成した「商品の特徴」スライドで利用するアイコンを生成します。「Ririan Beauty」のイメージである白く清潔感のある画像を生成するために、プロンプトを工夫していきます。

▶▶▶「商品の特徴」スライドのアイコンの例

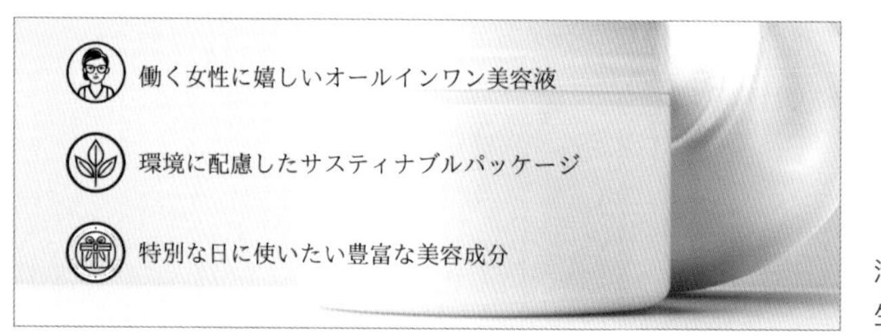

清潔感のあるアイコンを生成する

ピクトグラム風のアイコンを生成する

この企画書では、女性向けスキンケアの美容クリームとして商品を訴求したいので、「働く女性」のピクトグラム風アイコンを生成していきます。プロンプトは female employee icon｜働く女性のアイコン UI design｜UIデザイン black round frame｜丸い黒縁

flat linear vector icon｜線形のベクターアイコン white background｜白い背景 を指定しました。実際に入力したテキストは「female employee icon, UI design, black round frame, flat linear vector icon, white background」です。生成結果は以下の画像の通りで、各プロンプトの詳しい解説は次の表にまとめています。

▶▶▶ピクトグラム風アイコンの生成例

テイストの異なるアイコンが
4種類生成された

図表17-1 ピクトグラム風アイコンで指定したプロンプト

プロンプト名	解説
UI design	Webサイトなどで使える素材が生成される
black round frame	丸い黒フチを意味する。フチを黒ではなく他の色にしたい場合は「black」の部分を置き換える
flat linear vector icon	線形のベクターアイコンは、本来はベクターグラフィックス形式で生成されたアイコンを指す。この場合はベクターアイコン風のアイコンを生成するという指示になる
white background	アイコンとして利用したい場合は背景を白に指定する

生成したいアイコンのイメージを変更したい場合は、female employee icon の部分を生成したいアイコンに置き換えます。「Ririan Beauty」の例では、働く女性の他に葉っぱのアイコンやプレゼントボックスのアイコンを生成しています。これらのアイコンも生成していきましょう。同じようなアイコンを生成するには、LESSON 13で解説した「Seed」

パラメーターを使います。まずは4種類生成されたアイコンのうち、1つをseed値として取得します。今回は以下の画像のseed値を取得します。❶画像右上の［…］から❷［リアクションを付ける］をクリックして、❸［envelope］アイコンをクリックします。

▶▶▶ seed値を取得するための画面

ベースとする画像のシード値を取得する

▶▶▶ Midjourney Botから届いたダイレクトメッセージ

seed値が記載されているのでコピーする

seed値を取得したら、働く女性のアイコンの生成時に使用したプロンプトのうち、female employee icon を natural leaf｜天然の葉 に置き換えます。最後にプロンプトの末尾に取得したシード値のパラメーター --s #### を追加します。実際に入力したテキストは

「natural leaf, UI design, black round frame, flat linear vector icon, white background --s ####」です。これで、働く女性のアイコンと同じテイストで「天然の葉」アイコンを生成できました。

▶▶▶「天然の葉」アイコンの生成例

テイストを変えずに新たなアイコンを生成できた

最後に「プレゼントボックス」アイコンも生成しましょう。natural leaf のプロンプトを present box｜プレゼントボックス に置き換えて生成します。実際に入力したテキストは「present box, UI design, black round frame, flat linear vector icon, white background --s ####」で、生成結果は以下の画像の通りです。

▶▶▶「プレゼントボックス」アイコンの生成例

プレゼントボックスのアイコンが生成された

実践編

LESSON 18

フレームデザインを生成する

#フレーム
#見出し

企画書やビジネス資料では、スライドの冒頭に見出しを付ける機会が多いでしょう。見出しを目立たせるためのフレーム素材を生成します。

企画書を作成する際、見出しの文字を目立たせるために、枠やフレームで囲ったことはないでしょうか。PowerPointなどのプレゼンテーションアプリには、枠やフレームを作成する機能が標準で用意されていますが、ただ線で囲っただけのものが多く、気に入ったデザインが見つからないこともあります。Midjourneyを利用して、イメージ通りの枠やフレームを生成してみましょう。

フレームデザインを生成する

「Ririan Beauty」は30代の女性を意識した美容クリームの商品企画書です。上品さを表現するために、ここでは「大理石調のフレーム」を生成します。プロンプトは、**an empty rectangular frame made of polished marble strips｜大理石調の空の長方形フレーム** **pure white background｜真っ白な背景** **--ar 16:9** を指定しました。実際に入力したテキストは「an empty rectangular frame made of polished marble strips, pure white background --ar 16:9」です。生成結果は以下の画像の通りで、プロンプトごとの詳しい解説は次の表にまとめています。

▶▶▶ 大理石フレームの生成例

中身が空っぽの大理石調フレームが生成された

図表18-1 大理石模様のフレームデザインで指定したプロンプト

プロンプト名	解説
an empty rectangular frame made of polished marble strips	フレームの形やテクスチャーなどを指定する。ここでは、フレームデザインであることを指示する「an empty」(空の)、形を指示する「rectangular」(長方形)、素材やテクスチャーを意味する「made of polished marble strips」(磨かれた大理石模様)と指定
pure white background	フレームだけを使いたいため、それ以外の背景を白くする指示

ここで重要なのは **an empty rectangular frame made of polished marble strips** というプロンプトです。文章としては長いですが、分解すると、empty（空の）rectangular（長方形の）polished（磨かれた）marble strips（大理石模様）となります。「polished」と「marble strips」を変更することで、フレームのテクスチャーや素材を指定できます。

大理石ではなく、単純に真っ白でシンプルなフレームにしたい場合は **an empty rectangular frame made of polished marble strips** を **rectangular frame parts for powerpoint | PowerPoint用の長方形フレーム** に置き換えて生成します。プロンプトにあるように「PowerPoint用」と指定することで、企画書に適したフレームを生成できます。工夫して自分にあったフレームデザインを生成しましょう。

実践編

LESSON 19

吹き出しや矢印を生成する

#矢印
#吹き出し

企画書では、図などに吹き出しを付けて補足説明をしたり、矢印を付けて導線を示したりする機会がよくあります。それらの素材を生成してみましょう。

このCHAPTERでは人物モデルや商品の利用イメージ、アイコン、フレームの画像を生成してきましたが、吹き出しや矢印といった単純なパーツも、ビジネス資料には欠かせない素材です。これらはPowerPointなどにも用意されていますが、より装飾的で、閲覧者の視線を集められそうな吹き出しや矢印を使いたいなら、Midjourneyを活用しましょう。

吹き出しを生成する

まずは、吹き出しを生成します。企画書における吹き出しは、本筋とは関係ない補足説明をするときなどに多用されます。Ririan Beautyは美容クリームのため、ここではそのイメージにあった雲のようなフワフワした吹き出しを生成します。

▶▶▶「販促計画」スライドの吹き出しの例

「10月に試作品完成」という文言を入れる吹き出しを生成する

吹き出しアイコンを生成するときは **white speech bubble｜白い吹き出し** のプロンプトを使用します。ただ、それだけでは吹き出しのしっぽの部分が生成されないことがあるので、同時に **comment pointer｜吹き出しポイント** もプロンプトに指定します。また、背景は白にしたいので、**white background** も入力を忘れないようにしましょう。実際に入力したテキストは「white speech bubble, comment pointer, white background」です。生成結果は以下の画像の通りです。

▶▶▶吹き出しの生成例

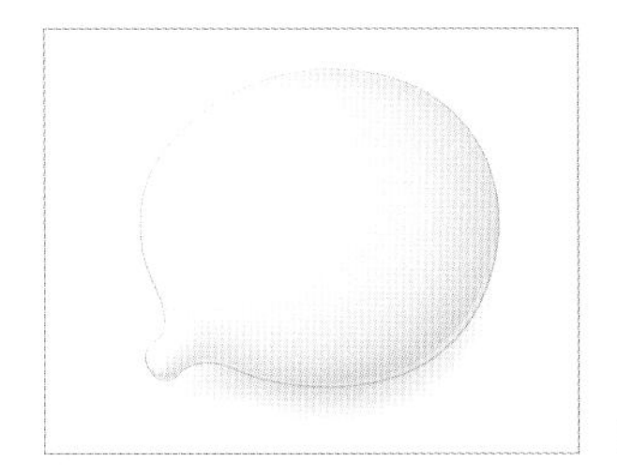

吹き出しが生成された

なお、吹き出しのしっぽの部分がなかなか生成できない場合は、LESSON 32で解説する「リミックスプロンプト」も利用してみましょう。しっぽを出したい場所を指定してから、プロンプトの **speech bubble** に **with tail｜しっぽ** を追加します。

他にも、例えばコミック風の吹き出しを生成したいときには、先ほど入力したプロンプトに **a comic style｜コミック風** を追加することで、以下のような画像を生成できます。

▶▶▶コミック風の吹き出しの生成例

コミック風の吹き出しが生成された

矢印を生成する

▶▶▶「販促計画」スライドの矢印の例

SNSでの拡散	≫	若者からの購買を促す
ポップアップストア	≫	30~40代の購買を促す
Web広告	≫	商品認知を促す・キャンペーン

導線を示す矢印を生成する

企画書を順序立てて説明するときに頻出する矢印パーツを生成するときには、arrow simple icon｜シンプルな矢印アイコン というプロンプトを使います。他にも、模様を示す geometric｜幾何学的形状 などがあります。今回のプロンプトは black arrow simple icon left to right｜黒色のシンプルな左から右に流れる矢印アイコン geometric simple｜シンプル flat｜フラット handwritten｜手書き white background を指定しました。実際に入力したテキストは「black arrow simple icon, geometric, simple, flat, handwritten , white background」で、生成結果は以下の画像の通りです。

▶▶▶矢印アイコンの生成例

シンプルな矢印アイコンが生成された

なお、矢印の方向を示すプロンプトを指定しても、その向きで生成されるとは限りません。矢印を正しい向きに変更したいときは、Midjourneyではなく画像編集アプリを使って修正しましょう。

実践編

CHAPTER 06

バナー用の画像を生成する

架空のバナーを例に、模様の背景やパソコンの画像を
生成する方法を学びましょう。

実践編

LESSON 20

模様やパターンの背景を生成する

#模様
#背景
#パラメーター

Webに掲載するバナー画像では、見た目にインパクトのあるビジュアルを意識することが多いでしょう。その背景として適した模様やパターンを作成します。

このCHAPTERでは、Webサイトやランディングページなどで使えるバナー画像を成果物として取り上げます。例となるシチュエーションとしては、架空のオンラインイベント「勝てるWebマーケティング戦略講座」を設定しました。このオンラインイベントでは個々の施策よりも全体的な「戦略」にフォーカスしています。そのため、ターゲットとしては性別を問わず、40代のビジネスパーソンで、決裁権を持つマネージャー層を想定しました。今回は男性をターゲットとしたバナーを取り上げます。

完成したバナーは以下の通りです。メインビジュアルとなっている40代のビジネスマン、左下にあるパソコンで受講中のイメージ画像、そして背景の模様が、Midjourneyで生成したものとなっています。このLESSONでは、背景の模様を生成する手順を見ていきましょう。

▶▶▶ オンラインセミナーのバナーデザイン

男性のマネージャー層をターゲットとしたセミナー告知バナーを想定している

背景の模様を生成する

今回のバナーは「Webマーケティング」がテーマ、かつ「40代の男性」がターゲットです。そこで、未来的かつテクノロジーの雰囲気が感じられつつも、シックな雰囲気に仕上げるため、モノクロの模様を背景にします。

プロンプトとパラメーターには black and white｜黒と白 halftone｜中間調 background｜背景 --ar 16: 9 を指定しました。実際に入力するテキストは「black and white, halftone, background --ar 16:9」で、生成結果は以下の画像の通りです。各プロンプトとパラメーターごとの詳しい解説は次ページの表にまとめています。

▶▶▶背景の模様の生成例

「モノクロの中間調の背景」の画像が生成された

図表20-1 背景の模様で指定したプロンプト／パラメーター

プロンプト／パラメーター	解説
black and white	背景の色を指定。ここでは「黒」と「白」を指定した
halftone	背景の模様を指定。ここでは「中間調」とした
background	背景を生成してほしいことを表すプロンプト
--ar 16:9	アスペクト比を指定したパラメーター。ここではバナーにあわせて16:9としている

生成された4枚のうち、2枚は背景として使えそうな模様ではなく、人物の顔として生成されてしまいました。プロンプトに「halftone」を指定しただけでは、顔も一緒に生成されることが多いため、face をネガティブプロンプトに指定するといいでしょう。生成結果は以下の画像の通りで、4枚すべてが背景として使えそうな模様になりました。

▶▶▶ 背景の模様の再生成例

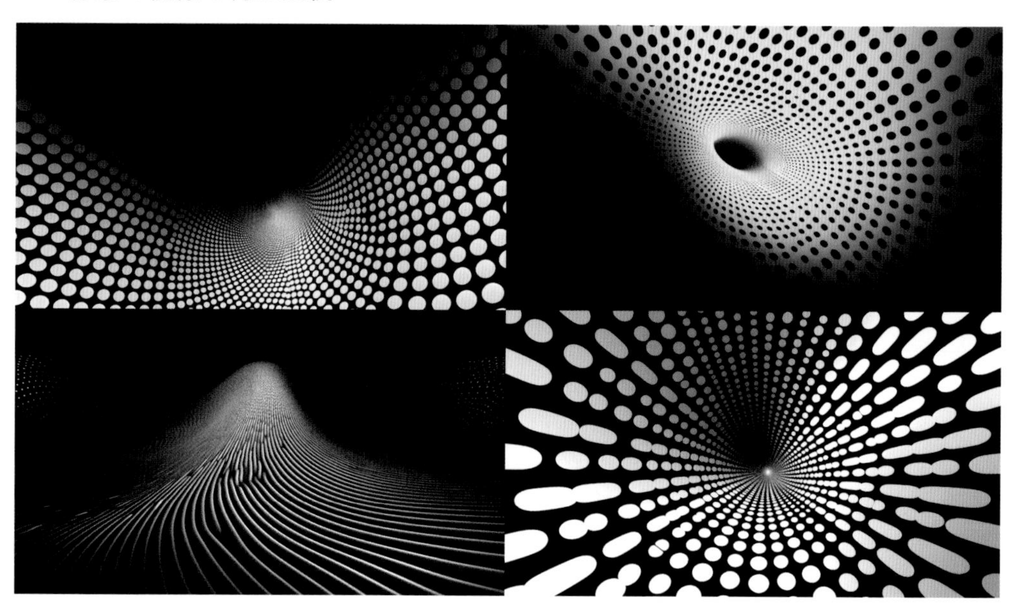

人物の顔がなくなり「モノクロの中間調の背景」だけの画像が生成された

模様を繰り返した画像を生成する

背景に使う模様として、多角形や円などの図形を繰り返し配置した幾何学模様を思い浮かべる人も多いと思います。そのような模様を作成する例を紹介しましょう。幾何学模様の背景を作成したいときには、例えばプロンプトとパラメーターに simple two color｜シンプルな2色 geometric background｜幾何学模様の背景 --ar 16: 9 を指定します。実際に入力するテキストは「simple two color, geometric background --ar 16:9」で、生成結果は以下の画像の通りです。2色という指定が忠実に守られているわけではありませんが、おおむねシンプルな幾何学模様に仕上がっていることがわかります。

▶▶▶ 幾何学模様の背景の生成例

「2色の幾何学模様の背景」が生成された

ただ、この幾何学模様は模様と境界線がはっきりしているため、背景として使うには目立ちすぎるようです。そのような場合は、プロンプトに seamless pattern｜シームレスパターン を追加してみるといいでしょう。

次ページの画像は、青をベースとした先進的なイメージを感じさせる幾何学模様の背景となっています。先ほどの幾何学模様と異なり、模様同士の境界線が目立ちにくくなっていますが、これはプロンプトに blue geometric seamless pattern｜青のシームレスな幾何学模様 を指定しているためです。他のプロンプトとパラメーターには abstract background｜抽象的な背景 vector｜ベクター --ar 16:9 を指定しています。

▶▶▶ 模様の境界線を目立たなくした幾何学模様の生成例

「2色の幾何学模様の背景」が
生成された

このように seamless pattern をプロンプトに入れると、模様同士の境目が目立たないようにできるので、画像編集アプリで背景の加工がしやすくなるメリットがあります。例えば、先ほど生成した幾何学模様の画像を上下左右に配置することで、同じ模様が繰り返された背景を作れるようになります。以下の画像はPhotoshopを用いて、幾何学模様の境界線同士をくっつけたものです。

▶▶▶ 幾何学模様の画像を編集してくっつけた例

境目の目立たない背景を使うことで、
加工がしやすくなる

このような幾何学模様をさらに複雑にしたい場合は、Tile（タイル）パラメーターを使います。Tileパラメーターは、壁紙やテクスチャーなどのシームレスなパターンを作成するために使うパラメーターで、パラメーターには「-- tile」と表記します。先ほどのプロンプトとパラメーターである blue geometric seamless pattern abstract background vector --ar 16:9 の末尾に --tile を追加して生成すると、次ページの画像のようになります。

▶▶▶ タイルパラメーターでの生成例

タイル風の背景が
生成された

Tileパラメーターはシンプルな背景が生成されるので、生成した背景に応じてパラメーターを活用しましょう。

にじジャーニーで模様を生成する

にじジャーニーは人物のイラスト以外は不得意な印象がありますが、実は背景の生成も得意です。プロンプトはオンラインセミナーの背景を生成したときと同じ「black and white, halftone, background --ar16:9」と入力します。生成結果は以下の画像の通りです。背景がイラスト調になり、非常にポップな背景を生成できました。このようなイラスト調の背景を生成したいときに、にじジャーニーを活用しましょう。にじジャーニーの使い方はLESSON 15で解説しています。

▶▶▶ にじジャーニーで生成した背景の例

人物イラストだけでなく
背景の生成も可能

実践編

LESSON 21

男性の人物モデルを生成する

#人物モデル

セミナー告知バナーに人物を載せることで、どのような人がセミナーの対象かをアピールできます。今回の例にあわせて男性の人物モデルを生成してみましょう。

イベント集客を目的としたバナーにおいて重要とされる要素はいくつかありますが、誰に向けたイベントなのか、つまり「ターゲットをはっきりさせる」ことは、そのうちの1つといえるでしょう。今回の例としている架空のオンラインイベントのバナーでは、40代のビジネスパーソン、マネージャー層、男性をターゲット（受講者）として設定しているので、そのような人物をバナー内に目立つように配置し、バナーを見た人が「自分に関係のあるイベントだ」と認知してもらうことを狙います。

▶▶▶ バナーで利用している人物モデル

イベントのターゲット層を意識した男性の画像をMidjourneyで生成する

男性の人物モデルを生成する

「Webマーケティング戦略講座」のターゲットと重なる人物モデルをMidjourneyで生成するため、プロンプトとパラメーターは japanese business person｜日本のビジネスマン

middle-aged man｜中年の男性 dressed in a gray suit｜グレーのスーツを着ている conservative tie｜保守的なネクタイ combed hair｜クシでとかしたような髪 hyper realistic｜とてもリアルな写真のような casting soft shadows on the subject's face｜被写体の顔に柔らかい影がさしている --ar 16:9 --s 750 と指定しました。テキストは「japanese business person , middle-aged man, dressed in a gray suit, conservative tie, combed hair, hyper realistic, casting soft shadows on the subject's face --ar 16:9 --s 750 」となります。生成結果は以下の画像の通りです。

▶▶▶ 40 代のビジネスマンの生成例

「40代でスーツを着た日本のビジネスマン」が生成された

プロンプトだけをみると一見難しそうですが、人物モデルに関する基本的なプロンプトとしては「作りたい被写体」＋「被写体の詳細情報」＋「必要に応じてパラメーター」という構成にすると、思い通りの画像を生成しやすくなります。

今回の「作りたい被写体」は日本のビジネスマンとしているので、japanese business person とプロンプトを指定し、次に作りたい「被写体の詳細情報」のプロンプトとして dressed in a gray suit や conservative tie などを指定して、被写体の見た目や雰囲気を伝えています。パラメーターには、忠実度を表すスタイライズパラメーターを --s 750 で指定しました。スタイライズパラメーターはLESSON 13で解説しています。

各プロンプトの解説は次ページにある表の通りです。CHAPTER 11で解説している基本のプロンプト集を活用することで、ポーズや構図などを自由自在にカスタマイズできるため、そちらも参考にしてください。

図表21-1 男性の人物モデルで指定したプロンプト

プロンプト	解説
middle-aged man	「40代男性」を意味する。他の年齢に指定する際、10代は「teenager」、20代は「young adult」、30代は「thirty-something」、60代以上は「senior」と指定する
dressed in a gray suit	「グレーのスーツを着ている」を意味する。他の服装に指定する際は「dressed in ####」の####に好きな服装を指定する
conservative tie	「保守的なネクタイ」を意味する。真面目な印象を与えたい場合は「conservative」を付けるとよい
combed hair	「クシでとかした髪」を意味する。髪型を指定する際は「combed」を別の髪型に置き換える
hyper realistic	リアルで写実的な画像を生成するときに利用するプロンプト
casting soft shadows on the subject's face	「被写体の顔に柔らかい影がさしている」を意味する。「casting on ####」の####を変更すると、好きなテイストの光や影を被写体に当てることが可能

なお、男性の人物モデルのディテールを表現するためのプロンプトとしては、ヒゲを追加したい場合は beard | ヒゲ 、髪の毛の色を白髪にしたい場合は gray hair | 白髪 などが挙げられます。以下の画像は、先ほどのプロンプトに beard を追加した生成例です。

▶▶▶「ヒゲ」を追加した生成例

人物にヒゲが追加された

実践編

LESSON 22

パソコンやスマホのモックアップを生成する

#パソコン
#スマートフォン
#モックアップ

さまざまな用途で使われる素材に、パソコンやスマホのモックアップ画像があります。ハメコミ合成を作成したいときに役立つモックアップを生成しましょう。

バナーに限らず、企画書やWebデザインを作成するときに、アプリやWebサービスの完成イメージを画面にハメコミ合成するための、パソコンやスマートフォンのモックアップ画像を作る機会がよくあります。従来は画像素材サイトなどで探して利用することが多かったと思いますが、切り抜きや合成がしにくかったり、イメージ通りの画像を探すのに時間がかかったりすることもあったでしょう。このLESSONでは、パソコンやスマホのモックアップを生成していきます。

モックアップを生成する

プロンプトはいたってシンプルです。今回の例は「勝てるWebマーケティング戦略講座」というオンラインイベントなので、オンライン感を出すためにノートパソコンをバナーに加えたいと思います。プロンプトは **laptop mockup in white background｜白背景のノートパソコン** と指定しました。生成結果は次ページの画像の通りです。

今回は切り抜きやすいよう「in white background」と背景を白で指定しましたが、「white」を別の色に置き換えることで背景色を指定できます。ディスプレイの中は壁紙風の写真が同時に生成されているので、これを消したい場合はプロンプトに **blank screen｜空白画面** を追加します。それでも壁紙が生成されてしまうときは、画像編集アプリを使って自分で合成していきましょう。

▶▶▶ノートパソコンの生成例

ノートパソコンのモックアップが生成された。壁紙を消すにはプロンプトに「blank screen」を追加する

他にもスマホのモックアップも作成していきます。スマホのモックアップは、スマホアプリの画面をハメコミ合成することが多いと思います。そのような用途に適した画像を生成するには、**smartphone mockup in white background｜白背景のスマートフォン**とプロンプトに指定します。生成結果は以下の画像の通りで、ハメコミ合成に最適なスマホのモックアップが生成されました。

▶▶▶スマホのモックアップの生成例

スマホのモックアップが生成された

スマホの他にも、**smartwatch｜スマートウォッチ** **tablet PC｜タブレットPC** **foldable｜フォルダブル**などと指定することで、あらゆるモックアップを生成できます。自社の商品やサービスが対応するデバイスにあわせて生成するといいでしょう。

実践編

CHAPTER 07

Webデザイン用の画像を生成する

架空のWebサイトを例に、Web UIの素材やロゴの画像を
生成する方法を学びましょう。

実践編

LESSON 23

グラデーションの背景を生成する

#グラデーション #背景

Webデザイン用の背景は、テキストの可読性を下げずに見た人の印象に残すことが大切です。バナー用の模様とは異なるアプローチで背景画像を生成しましょう。

このCHAPTERでは、Webサイトのデザインで使える背景やWeb UIで使うアイコン、商品やサービスの画像、さらには、その商品を人物が利用しているイメージを成果物として取り上げます。以下が今回の例となる架空のワイヤレスヘッドフォンのWebサイトです。テキスト要素以外は、すべてMidjourneyで生成しています。

▶▶▶架空のヘッドフォンの Web サイト

構想段階のWebサイトの完成イメージを想定している

商品の構想や試作段階で、チーム内やクライアント向けの提案として、そのプロダクトのWebサイトの完成イメージなどを共有するといったことはないでしょうか。商品として実際には存在していない状態で完成イメージを提案するときに、Midjourneyでそれらの素材を生成することで、プロダクトの方向性を明確にできます。社内・社外問わず、提案がスムーズになることが期待できるでしょう。

このCHAPTERでは、試作段階の商品のWebサイトを作るときに必要となる各種素材を生成していきます。具体的には、Webサイトの背景、トップ画面に使用するロゴ、商品やサービスのダミーの画像、Web UI用のアイコンを生成していきます。頭でイメージした商品を形にするための具体的なプロダクトやWebサイトで使われるパーツ素材を、プロンプトを工夫しながら作成していきます。

Webサイトの背景画像を生成する

Webサイトの背景はブラウザーのウィンドウ内の大部分を占めることもあり、視覚的に大きな影響を与えます。そのため、商品のイメージを引き立てるような背景画像を選びましょう。また、背景はテキストや他のコンテンツの読みやすさに影響するため、文字の可読性を邪魔しないシンプルな背景が推奨されます。

今回の例となるワイヤレスヘッドフォンでは最先端のテクノロジーをウリにしているので、それを表現するために未来感のあるグラデーションを使用した背景を生成することにします。グラデーションの背景は素材サイトにもありますが、色を細かく指定したグラデーション素材を探すのは大変な作業です。商品のイメージを表現するような、ピンポイントな用途で使う背景画像を使用したいときには、Midjourneyで背景を生成していきましょう。

プロンプトとパラメーターは **simple background｜シンプルな背景** **soft gradient from light green to skyblue｜ライトグリーンからスカイブルーに変化するソフトなグラデーション**、アスペクト比は横長の画像を生成したいので **--ar 16:9** と指定しました。実際に入力するテキストは「simple background, soft gradient from light green to skyblue --ar 16:9」となります。生成結果と各プロンプトの解説は次ページの通りです。

▶▶▶ グラデーションの背景の生成例

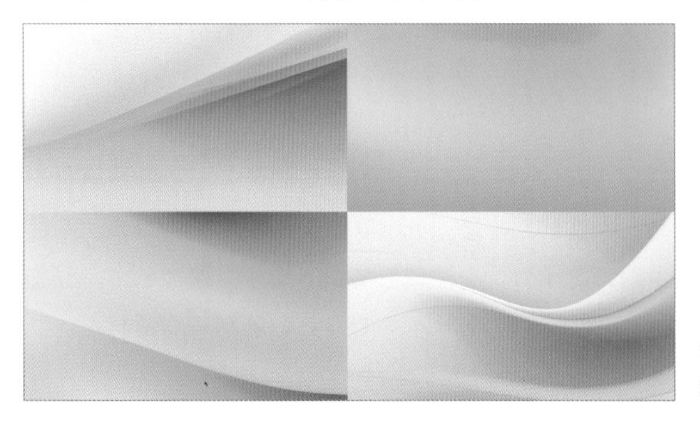

シンプルなグラデーションの背景が生成された

図表23-1 背景で指定したプロンプト／パラメーター

プロンプト／パラメーター	解説
simple background	Webサイトの背景は控えめにして、商品を引き立たせたいのでシンプルなものを指定
soft gradient from light green to skyblue	グラデーションカラーを指定。色を変えてグラデーションをカスタマイズできる
--ar 16:9	パソコン用に使用する場合はアスペクト比を16:9に指定。スマホ用の縦長画像を生成したいときは 9:16と指定する

グラデーションの背景を生成する際のプロンプトは **gradation background** でもいいのですが、よりソフトなイメージで背景に使用する色も指定したいので、今回は **soft gradient from light green to skyblue** としました。ライトグリーンからスカイブルーに移り変わる、柔らかいグラデーションの背景を生成することができました。

さまざまなグラデーションを生成する

先ほど生成したグラデーションの背景はWebサイトのトップページに使用するとして、下層のページにも同様の背景がほしいと仮定します。このとき、同じ背景を使用してもいいですが、ページによって同じイメージで違う色の背景を使うことで、サイト全体の統一感を保ちながら変化を付けられます。例えば、404エラー用のページ、お問い合わせ用のページなど、用途ごとに違うグラデーションカラーの背景を生成してみましょう。

このサイトでは、404エラー用のページは、ライトパープルとスカイブルーのグラデーションを背景にすることにします。同じテイストで画像を生成するには、Seedパラメーターを使いましょう。Seedパラメーターの使い方はLESSON 13を参照してください。

先ほど生成したトップページ用の背景のうち、同じテイストで生成したい画像をアップスケールしておきます。アップスケール後、❶画像右上の［…］から❷［リアクションを付ける］をクリックして、❸［envelope］アイコンをクリックします。

▶▶▶［リアクション］画面と［envelope］アイコン

［envelope］アイコンをクリックする

その後、Midjourney Botから届くダイレクトメッセージのseed値をコピーし、パラメーターに指定してください。また、先ほど生成したプロンプトのグラデーションカラーを「light green to skyblue」から「light purple to skyblue」に変更します。実際に入力するテキストは「simple background, soft gradient from light purple to skyblue --ar 16:9 --seed ####」で（####にはseed値を入力）、生成結果は次ページの画像の通りです。ライトパープルとスカイブルーで塗られたグラデーションの背景を生成できました。

▶▶▶ 404 エラー用の背景の生成例

ライトパープルとスカイブルーに
移り変わる背景が生成された

同様の手順で、お問い合わせ用のページの背景も生成します。色は明るい黄色とスカイブルーにしたいので、グラデーションカラーを「light green to skyblue」から「light yellow to skyblue」に置き換えましょう。シードパラメーターでseed値を入力したうえで、生成した結果は以下の画像の通りです。同じテイストで、お問い合わせページ用の背景を生成できました。

▶▶▶ お問い合わせ用の背景の生成例

明るい黄色とスカイブルーに移り変わる
背景が生成された

グラデーションの背景は、シンプルながらもおしゃれに見せることができる素材として重宝します。もちろん、このようなグラデーションは画像素材サイトでも見つかりますが、Webサイトのイメージにあった色、かつ同じテイストのグラデーションを一式そろえようとすると、探すのに苦労することが多いはずです。これからはMidjourneyで生成することを、素材の入手方法として活用していくといいでしょう。

実践編

LESSON 24

Webサイト用のロゴ画像を生成する

#ファビコン
#ロゴ

商品のブランドイメージを表現するために「ロゴ」は欠かせません。Midjourneyを使えば、オリジナリティあふれるロゴ画像を簡単に生成できます。

商品やサービスのブランドイメージを訴求する要素として「ロゴ」は欠かせません。商品を象徴するロゴは、それを見ただけで「あのブランドの商品だ」とユーザーに認知させる効果があります。通常、自社商品のロゴデザインは、商品のコンセプトなどをまとめたうえで、プロのデザイナーに依頼することが多いと思います。

しかし、デザイナーに依頼する予算を確保できない場合や、ひとまず仮のロゴでWebサイトのデザインを進めたい場合もあるでしょう。そのような場合には、自分でアプリを使って作成する方法もありますが、使い方を覚える必要があるうえ、デザインの知識も必要になり、ハードルが高いといえます。ロゴ用のテンプレートを使うにしても、他社と似たデザインになりがちでオリジナリティに欠けるという問題があります。

そこでMidjourneyの出番です。予算や手間を気にせず、オリジナリティのあるロゴを簡単に生成できます。ただし、注意点が1つあり、Midjourneyは文字の生成が苦手です。商品名やサイト名などをプロンプトに入れても、その文字をうまくデザインして生成することはできません。生成可能なのはロゴの「シンボルマーク」の部分のみ、と認識してください。

▶▶▶ 商品のロゴの生成例

商品（ヘッドフォン）を象徴した、躍動感のあるロゴを生成する

ロゴを生成する

今回は商品にあわせて、ヘッドフォンのロゴを生成します。プロンプトはシンプルに、 **headphone logo｜ヘッドフォンのロゴ** **white background** と指定しました。実際に入力するテキストは「headphone logo, white background」となります。生成結果と各プロンプトの解説は以下の通りです。

▶▶▶ヘッドフォンのロゴの生成例

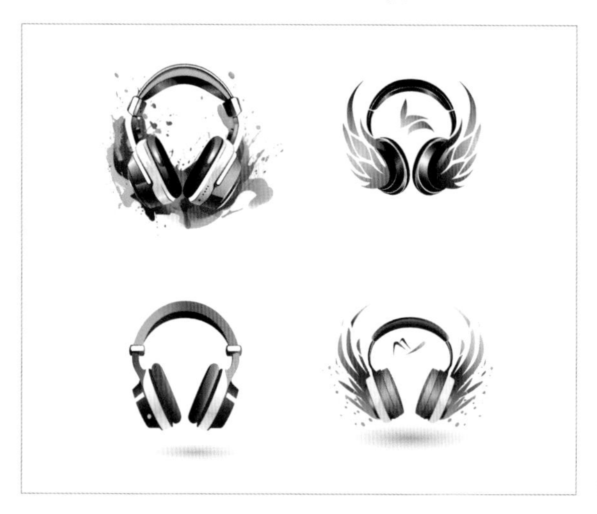

ヘッドフォンをイメージしたロゴが生成された

図表24-1 ヘッドフォンのロゴで指定したプロンプト

プロンプト	解説
headphone logo	ヘッドフォンロゴと指定。「ロゴにしたい物」＋「logo」で指定したロゴが生成される
white background	白い背景。Webサイトではロゴを透過して使う予定なので、切り抜きやすい白背景を指定

ロゴをカスタマイズする

ロゴは商品のイメージを大きく左右するため、どのようなユーザーをターゲットに定めているかによって、雰囲気を変える必要があるでしょう。以下のプロンプトはロゴの雰囲気を変える一例です。

図表24-2 ロゴをカスタマイズするプロンプト

プロンプト	解説
simple, minimal	シンプルなロゴを生成できる
modern	現代的（今風）なロゴを生成できる
luxury, elegant	高級感あるロゴを生成できる
line drawing	線画風のロゴを生成できる
5 colors	5色のカラフルなロゴを生成できる

これらのロゴのカスタマイズは、「headphone logo」に加えて図表24-2内のプロンプトを指定します。例えば、現代的なイメージに仕上げたい場合は headphone logo の後ろに modern｜現代的な と入れます。生成結果は以下の通りで、単語を追加するだけでロゴの雰囲気が大きく変わることがわかります。ターゲットにあわせて、さまざまなカスタマイズをしてみることをおすすめします。

▶▶▶ロゴのカスタマイズの生成例

左が現代的なロゴ、右が高級感のあるロゴ

ファビコン用のロゴを生成する

ファビコンは、ブラウザーのタブ、お気に入り（ブックマーク）のリスト、アドレスバーなどに表示される小さなアイコンを指します。開いているサイトがどのようなサイトなのかを識別しやすくするため、ファビコンの設定も忘れずにしましょう。また、ファビコンは非常に小さいアイコンのため、複雑なロゴにしてしまうと逆に識別しにくくなってしまいます。できるだけシンプルに生成するのを意識しましょう。

今回の例では、プロンプトに **headphone favicon｜ヘッドフォンのファビコン** **white background** と指定しました。実際に入力するテキストは「headphone favicon, white background」です。faviconが入ることで、シンプルな画像が生成されやすくなります。生成結果は以下の画像の通りです。ファビコンを生成したいときには **#### favicon** とし、####に生成したいアイコンを指定しましょう。

▶▶▶ファビコンの生成例

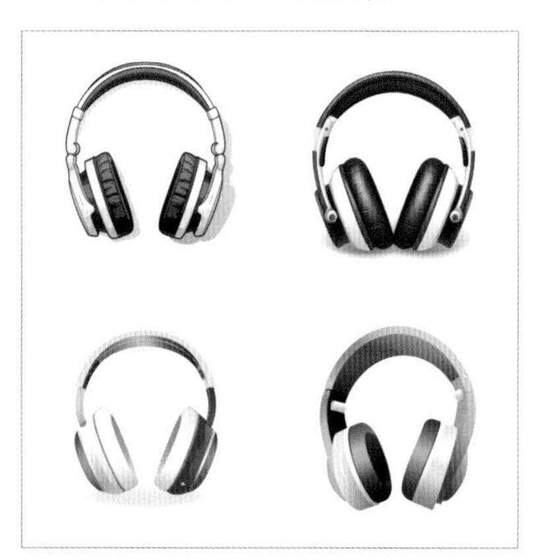

ヘッドフォンのファビコンが生成された

ファビコンをよりシンプルにしたい場合は、先ほどのプロンプトとは少し異なり、プロンプトを **simple #### outline｜シンプルな####の線画** **favicon** **white backgraound** と指定します。####に生成したい物を指定しましょう。より平面的で白黒のファビコンが生成されやすくなります。

実践編

LESSON 25

#ダミー画像

商品写真のダミー画像を生成する

商品を紹介するWebサイトでは、当然ながら商品の写真が不可欠です。まだ写真がない時点での仮画像や、商品を利用している人物モデルの生成方法を見ていきます。

商品の紹介をするWebサイトでもっとも欠かせないのは、商品そのものの写真や、それを利用しているイメージ画像です。しかし、Webサイトの制作を先行して進めるために、そのような写真や画像がない状態でデザインを行うこともあるでしょう。

今回の例にしている架空のヘッドフォンも、まだ企画段階で実際の商品は手元にない状態だと仮定します。それでもWebサイトのデザインには、商品写真と利用イメージの画像が欠かせません。そのようなときには、Midjourneyでそれぞれの画像を生成しましょう。このLESSONではヘッドフォンの商品写真の代わりとなるダミー画像と、ヘッドフォンを着用している人物の画像を生成します。

▶▶▶商品と着用イメージの生成例

ヘッドフォンの商品写真の代わりとなるダミー画像と、それを着用している人物を生成する

なお、ここでは商品を開発するメーカーのサイトを想定しているため、商品写真のダミー画像を例としましたが、「一般的なヘッドフォンの画像がほしい」という場合には、その限りではありません。例えば、ECサイトで複数のメーカーのヘッドフォンを特集したページを作るときに、「特定の商品に限定しないヘッドフォンと、それを利用する人物の画像を生成したい」といったケースでも、このLESSONで解説するプロンプトが役に立ちます。もちろん、ヘッドフォン以外の商品でも同様です。

商品写真のダミー画像を生成する

この架空のヘッドフォンは、最先端のテクノロジーを搭載したスタイリッシュなデザイン、メインカラーはホワイトと企画段階から決まっていると仮定します。そのため、「白色のスタイリッシュなヘッドフォン」を生成したいので、プロンプトは **stylish headphone｜スタイリッシュヘッドフォン** **white background｜白い背景** **high quality｜高品質** と指定します。実際に入力するテキストは「stylish headphone, white background, high quality」となります。生成結果と各プロンプトの解説は以下と次ページの通りです。

▶▶▶ ヘッドフォンの生成例

「白色のスタイリッシュなヘッドフォン」が生成された

図表25-1 ヘッドフォンで指定したプロンプト

プロンプト	解説
stylish headphone	スタイリッシュなヘッドフォンと指定。ここで具体的なイメージを入れる
white background	LESSON 23で解説したグラデーションの背景と合成して使用したいので、背景は白を指定した
high quality	「ultra detail」でも細かで鮮明な画像が生成されやすくなる

図表25-1内のプロンプトで、スタイリッシュなイメージのワイヤレスイヤフォンの画像を生成できます。今回は「stylish headphone」としましたが、女性向けのかわいらしいデザインのヘッドフォンであれば「cute headphone」と指定するといいでしょう。さらに、変わり種として「cat ear headphone」と指定すれば猫耳付きのヘッドフォンの画像が生成されるなど、単純な単語でもMidjourney側でうまく解釈して生成してくれます。

▶▶▶猫耳付きヘッドフォンの生成例

猫耳の付いたヘッドフォンが生成された

生成した画像で着用イメージを生成する

続いて、ヘッドフォンを人物が着用しているイメージ画像を生成します。商品の場合、実際に着用しているイメージがWebサイトにあると、購入にもつながりやすくなります。サービス（無形の商品）の場合は、そのサービスをターゲットとなる人物が利用している様子をMidjourneyで生成するといいでしょう。

先ほど生成したヘッドフォンとまったく同じもので生成するのは難しいですが、Seedパラメーターを使って近いイメージでの生成が可能です。Seedパラメーターの詳しい使い方はLESSON 13を参照ください。

今回のヘッドフォンは男性をターゲットにしているため、プロンプトには **japanese man wearing white headphone | 日本人男性が白いヘッドフォンを着用している** **high quality** **in the city | 街中で** **--seed ####** と指定します。####には取得したseed値を入力しましょう。実際に入力するテキストは「japanese man wearing white headphone, high quality, in the city --seed ####」で、生成結果は以下の画像の通りです。

▶▶▶ヘッドフォンを着用した男性の生成例

似た雰囲気のヘッドフォンを着用した人物が生成された

今回はヘッドフォンのSeedパラメーターを取得したため、ヘッドフォンのみ似たテイストが適用されました。人物の服装や背景のみを変更したい場合には、Seedパラメーター以外にもLESSON 33で解説しているリミックスプロンプトの使用もおすすめです。

LESSON 26

Webサイトで使うアイコンを生成する

#アイコン

Webサイト内のページに誘導するときに必要なアイコンをMidjourneyで生成しましょう。複数のアイコンを一度に生成できるので、素材選びの時短につながります。

アイコンの生成は、企画書を作例としたCHAPTER 05でも解説しましたが、Webサイトでもアイコンが欠かせません。Webサイトで利用するアイコンとしては、トップページに戻る「ホーム」などのナビゲーションアイコンのほか、ページごとに設置してSNSでの共有を促す「シェア」、PDFなどのファイルを提供する「ダウンロード」などのアクションアイコンがあります。

商品やWebサイトのイメージにあったアイコンを使用して、サイト全体のデザインに統一感を与えましょう。画像素材サイトでイメージにあったアイコンを探すのは大変なので、Midjourneyで複数のアイコン画像を一度に生成していきます。

▶▶▶ アイコンの生成例

「CONTACT」の右側にあるチャットアイコンなどを生成する

アイコンを生成する

さっそくアイコンを生成しましょう。アイコンは1個ずつ生成するのは時間がかかるため、一度に複数のアイコンが生成できるようにプロンプトを工夫します。今回使うプロンプトは

simple Web UI icon｜シンプルなWeb UIアイコン icon pack｜アイコンパック white background navy and white｜ネイビーと白 line drawing｜線画 と指定しました。実際に入力するテキストは「simple Web UI icon, icon pack, white background, navy and white, line drawing」となります。生成結果と各プロンプトの解説は以下の通りです。

▶▶▶アイコンの生成例

一度に複数のアイコンが生成された

図表26-1 アイコンで指定したプロンプト

プロンプト	解説
simple Web UI icon	Webサイト用のアイコンを作りたいときに「Web UI icon」と指定する
icon pack	一度の生成で複数のアイコンを入れたい場合は「icon pack」と指定する
white background	白背景の上で使いやすいように、アイコンも白背景を指定
navy and white	アイコンカラーを指定
line drawing	線画風のデザインを生成したいときに指定

今回のプロンプトでは、アイコンの形状までは細かく指定しませんでした。一度の生成で納得のいくアイコンが生成されないときには、再度生成しましょう。また、あらかじめ生成したいアイコンの形状が決まっている場合は、プロンプトでアイコンの形状を指定することで、希望するアイコンが生成されやすくなります。例えば、メールのアイコンを生成したい場合は、先ほどのプロンプトに mail icon｜メールアイコン を追加すればOKです。他にも、アイコンの形を角丸にしたい場合は、プロンプトに square with round corner｜角丸 を追加しましょう。

実践編

CHAPTER 08

サムネイル用の画像を生成する

架空のYouTube動画のサムネイルを例に、
料理画像の生成やパン機能を学びましょう。

実践編

LESSON 27

木目調の背景を生成する

#背景

YouTubeのサムネイルやブログ記事のアイキャッチでも、背景が重要な役割を果たします。視聴者や読者の目を引く背景画像を、Midjourneyを使って生成していきます。

このCHAPTERでは、YouTubeチャンネルに投稿した動画のサムネイルや、ブログ記事のアイキャッチ（OGP画像）として使用する画像の作成に役立つ素材を、Midjourneyで生成していきます。YouTubeのサムネイルは、数ある動画のなかから自分が投稿した動画を多くの人に見てもらうために重要で、ブログ記事のアイキャッチは、X（旧Twitter）などで記事がシェアされたときの目印となります。いずれも視聴者やフォロワーの目を引くビジュアル素材を用意することが大切です。

今回は架空の料理教室「Ririan料理教室」が、毎週土曜日の11時にYouTube Liveで配信する動画のサムネイルを例として、背景、料理、人物の画像を生成していきます。以下が完成したサムネイルのイメージです。統一感のある構図で撮影された写真のような料理画像と、女性モデルの画像がひときわ目を引くサムネイルとなっています。

▶▶▶料理教室のサムネイル

料理好きの若年層をターゲットとした画像を生成している

YouTubeチャンネルやブログを運営していると、このようなサムネイルやアイキャッチを継続的に作成する必要がありますが、写真などの素材が不足しがちです。「自分で撮影しても上手に撮ることができない」「撮影した複数の写真のトーンが同じにならない」といった悩みを、筆者も実際によく聞きます。しかしMidjourneyを使えば、自社のイメージにあわせた背景や目を引く色で統一された画像を生成できるので、YouTubeの再生数アップやブログのアクセス数アップを狙えるでしょう。

木目調の背景画像を生成する

バナーとWebサイトの作例では無機質で未来的な背景を使いましたが、今回は料理教室がテーマなので、料理の画像をおいしそうに引き立てる明るい木目調の背景を生成します。プロンプトは light wood grain texture pattern｜明るい木目調のテクスチャーパターン vertical grain pattern｜垂直な木目模様 で、横長の画像を生成したいのでパラメーターとして --ar 16:9 を指定しました。実際に入力するテキストは「light wood grain texture pattern, vertical grain pattern --ar 16:9」で、生成結果は以下の画像、各プロンプトとパラメーターの解説は次ページの通りです。生成された4枚のうち、ここでは左下の画像を使うことにするので、Discordで［U3］ボタンをクリックしてアップスケールしておきます。

▶▶▶ 木目調テクスチャーの背景の生成例

明るい木目調テクスチャーの背景が生成された

図表27-1 背景で指定したプロンプト／パラメーター

プロンプト／パラメーター	解説
light wood grain texture pattern	「wood grain」は縦方向の木目調を意味する。背景としてテクスチャーのパターンを生成したいときは「#### texture pattern」と入力し、####にテクスチャーのイメージを指定する
vertical	垂直に指定したいときに指定。並行に指定したいときは「parallel」と入力する
grain pattern	木目模様。縦方向の木目調を強調するために指定
--ar 16:9	アスペクト比を16:9に指定

さまざまの背景画像を生成する

今回の料理教室のサムネイルにあいそうな背景画像を、木目調以外にも生成してみましょう。例えば、かわいらしいピンクと白のストライプを生成したい場合は、プロンプトに pink and white stripe｜ピンクと白のストライプ と seamless を指定することで、つなぎ目のないストライプの背景を生成できます。

▶▶▶ストライプ調の背景の生成例

pink and white stripe, simple stripe, pattern, seamless --ar 16:9

実践編

LESSON 28

料理の画像を生成する

#料理

料理・食べ物はライティングや色味の調整が難しく、撮影の技量が問われる被写体です。実物である必要がない場合は、Midjourneyで画像を生成してみましょう。

料理教室の動画のサムネイルを作るのであれば、実際の料理を撮影した写真を使いたいところではありますが、それが難しい場合もあるでしょう。また、必ずしも実際の写真でなくてもよく、雰囲気が伝わればOKという場合もあります。そのようなときには、Midjourneyで料理の画像を生成してみましょう。

Midjourneyで料理の画像を生成するメリットとしては、以下のように複数の料理を同じ構図、同じライティングで撮影し、同じ色味になるように調整した写真に近い画像を、いとも簡単に用意できる点が挙げられます。このような写真をプロのカメラマンに依頼して撮影するとなると、多大な費用と時間がかかってしまうでしょう。

▶▶▶料理の画像の生成例

3種類のスパゲティの画像を、同じ構図やライティングで生成できる

料理の画像を生成する

今回の料理教室ではスパゲティの作り方を教えるので、まずは「トマトのスパゲティ」の写真を生成していきます。料理は真上から撮影したようなイメージとしたいので、プロンプトとパラメーターには from a top-down perspective｜見下ろし視点 a bowl of delicious tomato spaghetti looks delicious｜お皿に盛られたおいしそうなトマトのスパゲティ pure white background｜真っ白な背景 bright colors｜鮮やかな色 --s 250 を指定しました。Stylizeパラメーターは LESSON 13を参照ください。実際に入力するテキストは「from a top-down perspective, a bowl of delicious tomato spaghetti looks delicious, pure white background, bright colors --s 250」で、生成結果と各プロンプトの解説は以下の通りです。

▶▶▶トマトスパゲティの生成例

真上から見下ろした、おいしそうなトマトスパゲティが生成された

図表28-1 料理で指定したプロンプト／パラメーター

プロンプト／パラメーター	解説
from a top-down perspective	上からの視点と指定
a bowl of tomato spaghetti looks delicious	「おいしそうなトマトのスパゲティ」と指定。トマトを別の具材にして、スパゲティの種類を変更できる
pure white background	pureを付けることで、より真っ白な背景が生成されやすくなる
bright colors	料理なので「鮮やかな色」と指定
--s 250	スタイライズパラメーター。スパゲティの見栄えを増すために指定する

前ページのプロンプトでは、トマトのスパゲティが生成されました。プロンプトの「a bowl of tomato spaghetti looks delicious」のなかの「tomato」を別の具材に変えて、残り2枚のスパゲティを生成していきましょう。今回はトマトのスパゲティ以外にも、シーフードスパゲティとカルボナーラスパゲティを生成したいので、シーフードスパゲティの場合はtomatoを seafood に、カルボナーラスパゲティは carbonara spaghetti に変えて再生成します。スパゲティでうまく生成されない場合は pasta でも代用できます。なお、スパゲティ以外の料理にしたい場合は、料理名自体を置き換えるだけでOKです。

▶▶▶ スパゲティの生成例

左がカルボナーラ、右がシーフードスパゲティ

料理の食器の柄を変える

スパゲティを生成した食器は白いお皿でしたが、食器の色を変えたいときはプロンプトは #### tableware | ####の食器 と指定し、####に色を入れましょう。例えば、ローズゴールドの食器を生成したい場合は rose gold tableware | ローズゴールドの食器 と指定します。生成結果は以下の画像の通りで、エレガントなローズゴールドを用いた食器を生成できました。

▶▶▶ ローズゴールドの食器の生成例

ローズゴールド色の食器が生成され、高級感のある料理になった

実践編

LESSON 29

構図を調整した人物モデルを生成する

#構図
#人物モデル

人物モデルを生成すると、人物が中央に配置された画像が生成されることが多くなります。パン機能を使えば、人物を右寄りにするなどの位置変更が可能です。

料理教室のサムネイルに使用する人物モデルを生成します。これまでのLESSONでも人物を生成しましたが、Midjourneyでは人物画像を生成する際、通常は人物を中央に配置した状態になります。しかし、サムネイルやアイキャッチでは最終的に文字要素を入れて仕上げるため、人物は左右のどちらかに配置され、中央には余白を設けたほうがいい場合があるでしょう。そのような場合は、先に人物の画像を生成し、アップスケールしたあとに「Pan」(パン) 機能を使うことで解決できます。

まずは人物の画像を生成していきましょう。服装は白いエプロンと白いシャツ、髪型はひとつ結びと料理に適した格好をした、柔らかい雰囲気の女性にします。プロンプトとパラメーターは **japanese woman｜日本人女性** **wearing natural white apron and white shirts｜ナチュラルな白いエプロンと白いシャツを着ている** **tied hair｜結んだ髪** **friendly｜フレンドリーな雰囲気** **natural expression｜自然な表情** **clean white background｜清潔感のある白い背景** **realistic photography｜リアルな写真** と指定しました。実際に入力するテキストは「japanese woman, wearing natural white apron and white shirts, tied hair, friendly, natural expression, clean white background, realistic photography」となります。生成結果と各プロンプトの解説は次ページの通りです。

▶▶▶ 人物モデルの生成例

料理教室をイメージした人物が、中央寄りの配置で生成された

図表29-1 人物モデルで指定したプロンプト

プロンプト	解説
wearing natural white apron and white shirts	「wearing ####」の####を変更して、服装を指定できる
tied hair	「#### hair」の####を変更して髪型を指定できる
natural expression	表情を表すプロンプト。怖い表情は「scary expression」、悲しい表情は「sad expression」などで表現できる
realistic photography	画像の仕上がりを指定できる。ここではリアルな写真と指定する

パン機能を使うにはアップスケールが必要なので、事前にアップスケールしましょう。今回は上記の画像をアップスケールしておきました。もともと人物が中央よりも少し右寄りで生成されましたが、さらに右に寄らせていきます。

パン機能を利用する

アップスケールした画像の下には、以下の画面のように矢印だけのボタンが4つ並んでいるのが確認できます。この矢印がパン機能で、生成した人物はそのままに、人物の位置だけを画像内の水平・垂直方向に移動できます。今回は人物を右寄りにする、つまり左側に余白を作りたいので［←］をクリックします。すると、次のように余白が追加された画像が生成されました。

▶▶▶ アップスケール後の矢印ボタン

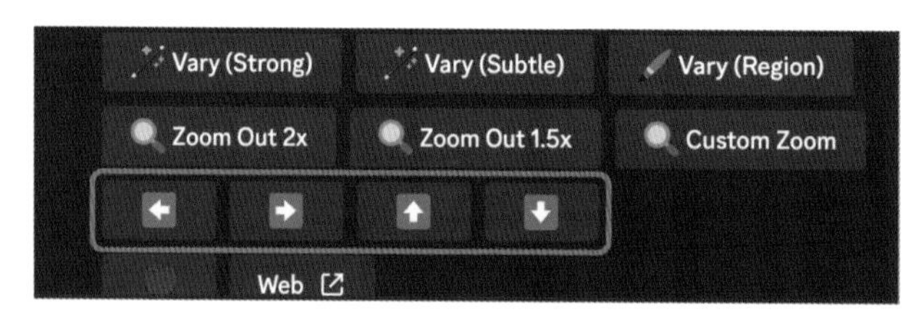

矢印をクリックすることで、人物の位置を変えられる

▶▶▶ 余白が生成された例

パン機能を使って余白を生成できる

パン機能の注意点としては、実行することで画像のアスペクト比が変わってしまう点と、LESSON 34で解説するズームアウト機能と同様に、2回以上実行すると関係のない画像が生成される可能性がある点が挙げられます。使う回数は1回にとどめておくといいでしょう。なお、LESSON 32でリミックスモードを有効にしていると、［←］をクリックしたあとにプロンプトの編集画面が表示されますが、余白を作るだけであれば何も編集せずに［送信］をクリックしてください。

実践編

CHAPTER 09

メルマガ用の画像を生成する

架空のセール告知を例に、季節のイラストや
見出しパーツの画像を生成してみましょう。

実践編

LESSON 30

#イラスト
#季節のイラスト

季節のワンポイントイラストを生成する

ECサイトで会員に向けてセール情報などをメルマガで送信するとき、華やかな季節のイラストを使いたいことがあります。Midjourneyでまとめて生成しましょう。

シーズンにあわせたセールは実店舗やECサイトでよく行われますが、会員に向けてセールを告知するときに、メルマガやLINE公式アカウントなどで画像を添えてお知らせすることがあるでしょう。このCHAPTERでは、クーポンやセール情報の告知画像で使えるイラストや見出し素材などを取り上げます。以下が、今回の例となる架空のメルマガ「RIRIAN SHOP サマーセール」に掲載する告知画像です。全体に散りばめている夏を感じるイラストや、「このメールが届いた人限定」のリボン風の見出しをMidjourneyで生成していきます。

▶▶▶ 架空のセールの告知画像

メルマガで配布するセールの
告知画像を想定している

ステッカー風イラストを生成する

今回のセールでは夏らしさを全面に押し出したいので、夏を感じるアイテムのイラストを複数まとめて生成することにします。また、ハガキにペタペタと貼り付けたような演出にするため、ステッカー風のイラストにしてみましょう。プロンプトには pack of summer elements｜夏の素材パック sticker collection｜ステッカーコレクション white background｜白い背景 と指定します。実際に入力するテキストは「pack of summer elements, sticker collection, white background」となります。生成結果と各プロンプトの解説は以下の通りです。

▶▶▶ステッカー風イラストの生成例

夏を感じるアイテムのステッカー風イラストが生成された

図表30-1 ステッカー風イラストで指定したプロンプト

プロンプト	解説
pack of summer elements	1つの画像に複数のイラストやパーツを生成したいときは「pack of #### elements」と指定し、####に生成したい物を入力する
sticker collection	「ステッカーコレクション」をプロンプトに含めると、一度に生成されるステッカー風の素材数が増える
white background	「白い背景」と指定。背景として背景色を指定することも可能

今回は夏のステッカー風イラストを生成しましたが、それぞれの季節で生成するときには「pack of #### elements」の####に **spring｜春** **autumn｜秋** **winter｜冬** のいずれかを指定すればOKです。以下は **winter** と指定して生成した画像の一例です。季節にあわせて生成していきましょう。

▶▶▶冬のステッカー風イラストの生成例

冬を感じるアイテムのステッカー風イラストが生成された

他にも、例えば「pack of #### elements」の####に **line drawing｜線画** を指定すると、以下のような画像が生成されます。さらに **retro label｜レトロラベル** や **abstract｜抽象的な** もイラストの雰囲気を変えるプロンプトになるので、覚えておくといいでしょう。

▶▶▶線画のイラストの生成例

線画のイラストが生成された

実践編

LESSON 31

テキストの見出しパーツを生成する

#見出しパーツ

メルマガなどの告知画像で、見出しとなるテキストを目立たせるためのパーツを生成しましょう。ここではリボン風の画像を生成し、見出しの下に配置します。

セールやイベントの告知では、メインとなるキャッチコピーがあるはずです。今回の例では「このメールが届いた人限定」が該当しますが、これをメルマガなどの本文に書いただけでは見逃されてしまう可能性が高く、告知画像に目立つように配置したいところです。一方で、告知画像には前のLESSON 30で生成したようなイラストも含まれるため、単に「このメールが届いた人限定」というテキストを配置しただけでは埋もれてしまいます。

そのようなときに役立つのが、テキストを目立たせるための見出しパーツです。以下の画像のようにテキストの下に配置することで、メールを開封した途端に「このメールが届いた人限定」が目に飛び込んでくるようなインパクトを持たせられます。このような見出しパーツをMidjourneyで生成してみましょう。

▶▶▶ 見出しパーツの生成例

赤いリボンのパーツを配置して見出しを目立たせている

メルマガ用の見出しパーツを生成する

今回の見出しパーツは、プレゼントを連想させるような赤いリボンをモチーフにします。プロンプトは **order now red ribbons｜注文はこちらの赤いリボン** **online shopping web banners｜オンラインショップのWebバナー** **order now icons of corner bookmarks｜注文はこちらのコーナーブックマーク** **tags｜タグ** **flags and curved ribbons of red silk｜曲線を描いた赤いシルクリボンの旗** と指定しました。実際に入力するテキストは「order now red ribbons, online shopping web banners, order now icons of corner bookmarks, tags, flags and curved ribbons of red silk」となります。生成結果は以下の画像の通りです。各プロンプトの解説は次ページを参照してください。

▶▶▶ 赤いリボンの見出しパーツの生成例

赤いリボンの見出しパーツが生成された

図表31-1 見出しパーツで指定したプロンプト

プロンプト	解説
order now red ribbons	海外では、セールをお知らせするWebデザインでよく用いられる赤いリボンを「order now red ribbons」と表現する
online shopping web banners	「オンラインショップのWebバナー」という意味。このプロンプトを入れることで、Webサイトなどで使いやすいリボンが生成されやすくなる
order now icons of corner bookmarks	デザインの四隅に配置にする用途に適した画像が生成されやすくなる
flags and curved ribbons of red silk	リボンの形を指定する。ここでは「曲線を描いた」と指定している

メルマガ以外にもECサイトなどで使える見出しパーツは他にもあり、例えば **yellow banner sticker｜黄色のバナーステッカー** **blank｜空白** **vector｜ベクター** **simple clipart set｜シンプルクリップアートセット** というプロンプトを指定してみるのもいいでしょう。実際に入力するテキストは「yellow banner sticker, blank, vector, simple clipart set」です。生成結果は以下の画像の通りで、よりメッセージを目立たせることのできる見出しパーツを生成できます。

▶▶▶黄色の見出しパーツの生成例

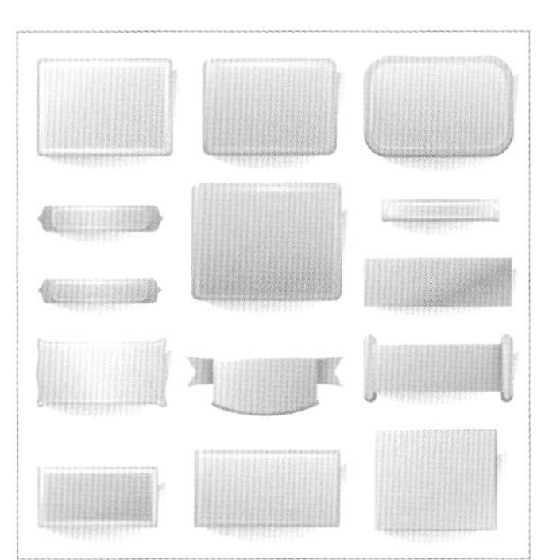

黄色の目立つ見出しパーツが生成された

形を指定して見出しパーツを作成する

見出しパーツを生成するときに「丸い形で作成したい」「縦長で作成したい」など、形を指定して作成したいことがあります。そのようなときに役立つのが、形を指定するプロンプトです。ベースとなるプロンプトとして前ページで解説した **yellow banner sticker blank vectorsimple clipart set** を使う場合、「yellow banner sticker」の「yellow」と「banner」の間に形の指定をします。例えば、丸にしたい場合は **yellow circle banner sticker｜丸い黄色のバナー** とします。

形を生成するプロンプトには、他にも **elongated｜細長い** **vertical｜縦長** **triangle｜三角** **ribbon｜リボン** **star｜三角** などがあります。

▶▶▶ さまざまな形をしたバナーの例

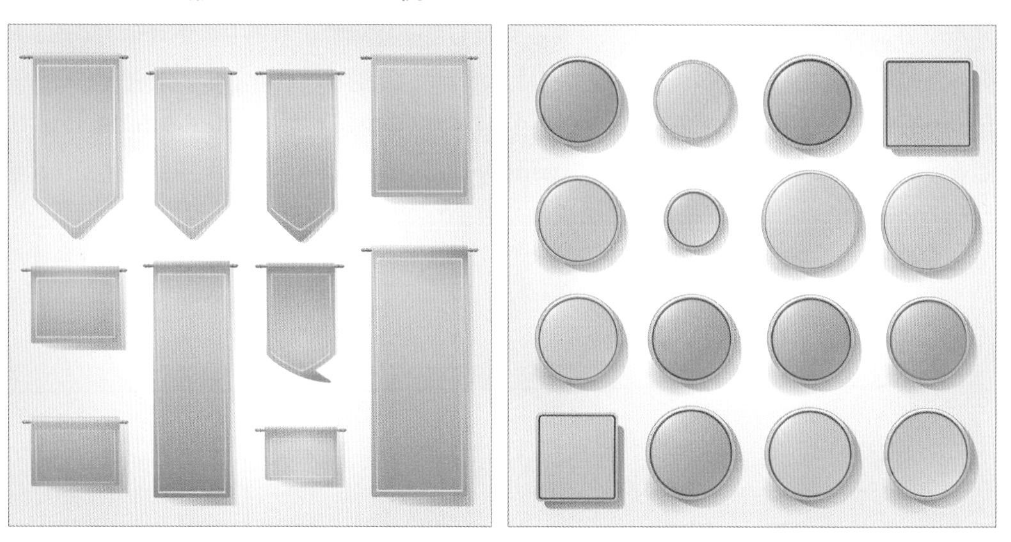

左が縦長のバナーの生成例、右が丸のバナーの生成例

実践編

CHAPTER 10

生成した画像を加工する

生成した画像に新しい要素を加えたり、ズーム倍率を変更したりする方法を学びましょう。

実践編

LESSON 32

プロンプトを編集して画像を再生成する

#リミックスプロンプト
#リミックスモード
#バリエーション

生成した画像の背景だけを変更したいなど、Midjourneyで画像を生成したあとのプロンプトを編集して再生成できる「Remix Prompt」について解説します。

リミックスプロンプトとは

CHAPTER 05～09では、架空の資料やバナーを例に、それぞれの用途に適した画像素材をMidjourneyで生成する方法を解説しました。しかし、画像を生成するなかで「背景だけを変更したい」「人物はそのままで、それ以外の要素を変更したい」といった、細かい加工を行いたくなる場面が増えてくることでしょう。

MidjourneyはAIが画像を生成するという性質上、画像の再現性はありません。つまり、同じプロンプトで画像を生成しても、その都度、異なる画像が生成されます。しかし、このLESSONで紹介する「Remix Prompt」(リミックスプロンプト) を使えば、ある程度の再現性を担保したうえで、「背景だけ」もしくは「人物以外だけ」を変更した画像の生成が可能です。すでに生成した画像の一部を加工する方法を見ていきましょう。

リミックスモードを有効にする

リミックスプロンプトは、生成が完了した画像のプロンプトの一部を、あとから編集できる機能です。この機能を利用することで、生成した画像のプロンプトを生かしたまま、すでにある要素を変更したり、別の要素を追加したりした画像を生成できます。

そして、リミックスプロンプトを利用できるようにするには、あらかじめMidjourneyの「Remix mode」(リミックスモード)を有効にしておく必要があります。リミックスモードを有効にするには、Discordのチャット入力欄に「/prefer remix」と入力して Enter を押しましょう。以下の画面のように「Remix mode turned on!」というメッセージが届いたら成功です。

▶▶▶ リミックスモードが有効化された画面

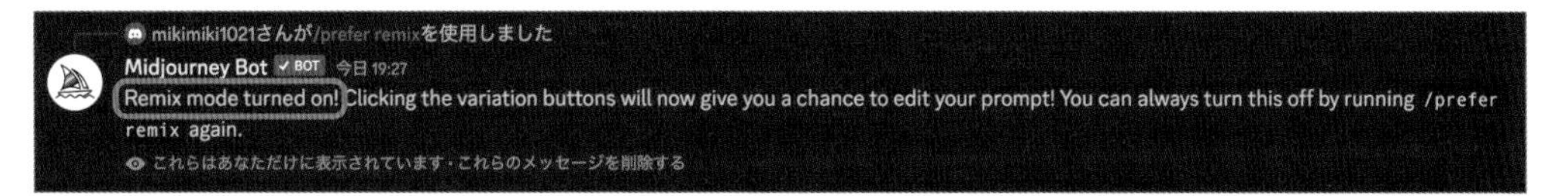

「Remix mode turned on!」と表示され、リミックスモードが有効化されたことがわかる

背景を「雲ひとつない青空」に変更する

リミックスモードを有効化できたら、プロンプトの編集と画像の再生成を試してみましょう。ここでは「浜辺で女性がスキンケア商品を持って微笑んでいる」画像をベースに、まずは背景だけを加工していきます。

最初に beautiful natural japanese woman｜美しいナチュラルな日本人女性 25 years old｜25歳 smiling｜笑顔 natural beauty｜ナチュラルビューティー wearing straw hat｜麦わら帽子を被っている at the beach｜ビーチにいる sunny day｜晴れた日 holding a small blank white skincare bottle in her hand｜小さい無地のスキンケアボトルを手に持つ というプロンプトを指定しました。実際に入力したテキストは「beautiful natural japanese woman, 25 years old, smiling, natural beauty, wearing straw hat, at the beach, sunny day, holding a small blank white skincare bottle in her hand」となります。なお、手に持っている物は「holding a #### in her hand」の####の部分で指定することで変更できます。

CHAPTER 10 生成した画像を加工する

生成された4枚の画像のうち、背景だけを変更したい画像をあらかじめアップスケールしておいてください。アップスケールの方法はLESSON 11で解説しています。前ページのプロンプトで生成とアップスケールを行った画像は以下の通りです。

▶▶▶「スキンケア商品を持っている女性」の生成例

この画像を生成したプロンプトを編集し、一部を変更した画像を再生成していく

生成した画像の背景には青空がありますが、雲も描写されています。これを「雲ひとつない青空」に変更していきましょう。アップスケールした画像の下には、以下の画面のようにテキストが記載されたボタンが表示されているはずです。そのうちの［Vary（Strong)］と［Vary（Subtle)］の2つが、画像の再生成を行うためのボタンになります。

▶▶▶アップスケール後の画面

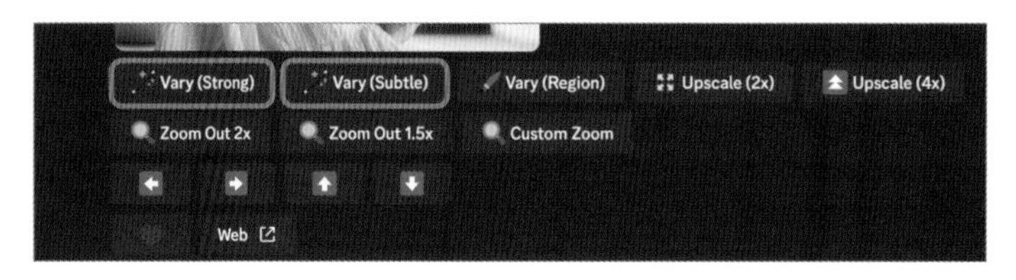

［Vary（Strong)］と［Vary（Subtle)］のボタンが表示されている

ボタン名にあるVaryは「Variation」(バリエーション）の略で、日本語では「変える」という意味になります。また、カッコ内の「Strong」は強く変更する、「Subtle」は弱く変更する、という意味です。これらの使い分けとしては、Strongは画像の構成や要素などを大きく変更したい場合に、Subtleは一部だけを変更したいといった軽微な場合に利用します。今回は背景の青空をすべて差し替えるため、［Vary（Strong)］を選択します。

［Vary（Strong)］をクリックすると、以下のように［Remix Prompt］画面が表示されます。デフォルトの設定のまま［Vary（Strong)］をクリックしても、単にバリエーションとなる画像生成が行われるだけですが、リミックスモードを有効化していることで、このようにプロンプトの編集が行えるようになります。先ほど入力したプロンプトがそのまま編集できるようになっているので、表示されたプロンプトに **cloudless blue sky｜雲ひとつない青空** を追加して［送信］をクリックします。

▶▶▶［Remix Prompt］画面

プロンプトに「cloudless blue sky」を追加して［送信］をクリックする

送信が完了すると、あらためて画像生成が行われます。生成結果は以下の通りで、もとの画像と比べて若干の違いはありますが、雰囲気やテイストを維持しつつ、青空から雲が消えていることがわかります。生成結果によっては雲が残ってしまうこともあるため、その場合は繰り返し生成してみましょう。

▶▶▶プロンプトを編集して再生成した例（雲を消す）

「スキンケア商品を持っている女性」はそのままで、背景の青空から雲が消えている

背景を室内にし、人物から帽子を消す

今度は、メインの被写体である人物はそのままで、人物以外の複数の要素を変更する例を見ていきましょう。例として背景を室内に変更し、人物から帽子を消していきます。

先ほどと同じ手順で［Vary（Strong)］を選択し、[Remix Prompt］画面を表示します。今回は wearing straw hat at the beach sunny day の3つのプロンプトを削除したうえで、bathroom｜洗面所 をプロンプトに追加します。入力が完了したら Enter を押し、再生成しましょう。その結果、生成された画像が以下の通りです。背景が変更され、人物が帽子をかぶっていない状態になったことがわかります。

▶▶▶ プロンプトを編集して再生成した例（背景を変更）

背景が変わり、女性がかぶっていた帽子が消えていることがわかる

［Vary（Strong)］ボタンを利用して背景を変更する場合、もとのプロンプトの内容を引き継いで生成されることが多いため、プロンプトから wearing straw hat を消しても、帽子を被った女性が生成されてしまうことがあります。その場合は［Vary（Strong)］とリミックスプロンプトを利用するのではなく、初めから生成し直すといいでしょう。

実践編

LESSON

33

#インペインティング
#範囲選択

選択した範囲だけを再生成する

範囲選択した箇所だけを再生成できる「Inpainting」を使えば、人物の髪の毛の色だけを変更したり、何もない空間に新しい要素を追加したりできます。

インペインティングとは

前のLESSON 32では、生成した画像の加工のなかでも、背景を丸ごと差し替えるといった規模の大きい変更を行ってきました。このLESSONでは、Midjourneyが備える「Inpainting」（インペインティング）という機能を使い、生成画像のなかでも一部分だけを加工する方法を解説します。インペインティングを使えば、人物の髪の色だけを変更したり、着ている服装を変更したりなど、特定の部分にだけ変更を加えられます。

インペインティングは日本語で「修復する」という意味で、「選択した部分を違うものに変更する」「何もない部分に何かを生成する」ことができます。例えば、同じ人物で髪型だけ変更したいといったことが簡単にできるようになります。

なお、インペインティングを利用するには、リミックスモードが有効になっている必要があります。LESSON 32から続けて操作している場合は、すでに有効化されているので問題ありませんが、このLESSONから操作を始める場合は、あらかじめ有効化しておいてください。

人物の髪や服を変更する

まずはアップスケール済みの画像を用意しましょう。今回はLESSON 32の最後に生成した画像を例に、インペインティングを利用します。アップスケール後には、以下の画面のように6つのテキスト入りのボタンが並んでいますが、そのなかの［Vary（Region)］をクリックしましょう。

▶▶▶ アップスケール後の画面

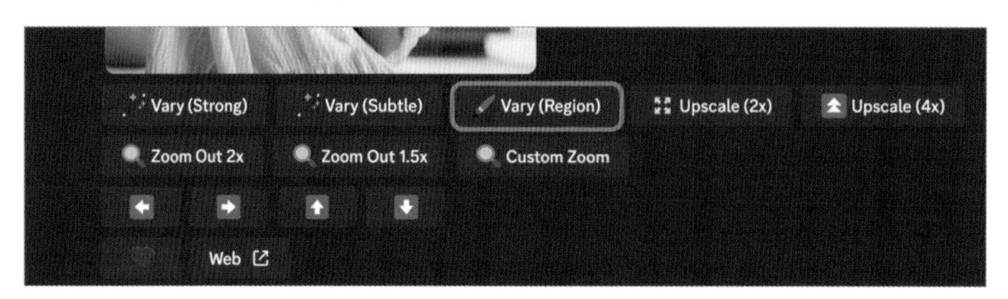

インペインティングを利用するには［Vary (Region)］をクリックする

すると、以下の画面のようにインペインティングの編集画面がポップアップで表示されます。画像編集アプリを使うときと同じ要領で、変更したい範囲を選択していきます。画面左下にある2つのボタンは範囲選択する方法を表しており、左が［Rectangle Tool］(四角形ツール)、右が［Lasso Tool］(投げ縄ツール）です。ここでは女性の髪の毛の色を変更するので、曲線の範囲を選択しやすい投げ縄ツールを使います。

▶▶▶ インペインティングの編集画面

左下にあるボタンでツールを選び、範囲選択を行う

［Lasso Tool］ボタンをクリックしたら、以下の画面のようにマウスをドラッグしながら髪の毛に沿って❶範囲選択を行いましょう。操作をミスしてしまった場合は、対象を右クリックすることで範囲選択をやり直せます。

範囲選択が完了したら、次にプロンプトを編集します。選択された範囲内のみプロンプトが適用される仕組みになっているため、すでに入力されているプロンプトはすべて削除しましょう。ここでは金髪に変更するので、❷ bronde hair｜金髪 と入力して Enter を押します。画像生成が開始され、インペインティングの編集画面が自動で閉じます。

▶▶▶ 範囲選択が完了し、プロンプトを編集した画面

❶［Lasso Tool］（投げ縄ツール）で髪の毛の部分だけを範囲選択する

❷ もとのプロンプトを削除したうえで「bronde hair」と入力し、Enter を押す

実際に生成された画像は次ページの通りです。女性の髪の毛だけが金髪に変化していることがわかります。範囲選択をする際は正確に囲む必要はなく、別の要素が多少選択されていても問題ありません。今回の例でも、人物の髪の毛だけでなく左腕まで範囲に含まれてしまいましたが、生成結果では左腕が不自然になることはなく、髪の毛だけが再生成されていることがわかります。

▶▶▶ 髪の色だけ変更した例

女性の髪の毛の色だけが
変更されている

同じ手順で、服装だけを変更することもできます。髪の毛のときと同様に服装だけを範囲選択したら、チャット入力欄に **yellow shirt | 黄色のシャツ** と入力し、Enter を押します。生成結果は以下の画像の通りで、服装だけが変更されました。

▶▶▶ 服装だけ変更した例

白いシャツから黄色の
シャツに変更できた

さらに、インペインティングを使えば、人物そのものを変更することもできます。今回の例では、最初のプロンプトを **beautiful natural japanese woman | 美しいナチュラルな日本人女性** としていたため、日本人女性が生成されていました。例えば、この人物を「フランス人女性」に変更したい場合は、人物全体を範囲選択してから、プロンプトに **french woman | フランス人女性** と指定することで、人物そのものを差し替えることもできてしまいます。

何もない部分に何かを生成する

ここまでは選択した部分を違うものに変更する方法を紹介しましたが、インペインティングでは「何もない部分に何かを追加する」ように画像を生成することもできます。ここでは日本人女性の隣に「フレンチブルドッグ」を追加してみたいと思います。

まずは前項と同じ方法で、インペインティングの編集画面を表示します。その後、以下の画像のように人物の隣の何もない空間を範囲選択し、プロンプトに **french bulldog | フレンチブルドッグ** と指定します。生成結果は次の画像の通りで、人物の隣にフレンチブルドッグが生成されました。

▶▶▶ インペインティングの編集画面

人物の隣を範囲選択し、追加する物のプロンプトを入力する

▶▶▶ フレンチブルドッグを追加した例

人物の隣にフレンチブルドッグが追加された

実践編

LESSON 34

引きの構図になるよう再生成する

#ズームアウト
#カスタムズーム

生成した画像を、あとからもう少し引きの構図にしたいときは「Zoom Out」機能を活用しましょう。最大2倍のズームアウトができ、複数回実行することもできます。

ズームアウトした画像を生成する

Midjourneyで単に人物と背景だけを生成した場合、人物は上半身ショットを中心に生成されることが多くなります。全体的な雰囲気を伝えたいので、もう少し引きで生成したいといったときには「Zoom Out」(ズームアウト)機能を利用しましょう。その名の通り、生成した画像をズームアウトして引きの構図にできる機能です。

ここまでと同様に、まずはアップスケール済みの生成画像をあらかじめ用意します。以下の画面にあるボタンのうち、[Zoom Out 2×][Zoom Out 1.5×]のいずれかをクリックしてみましょう。倍率が高いほど、より引きの構図で生成できます。

▶▶▶ アップスケール後の画面

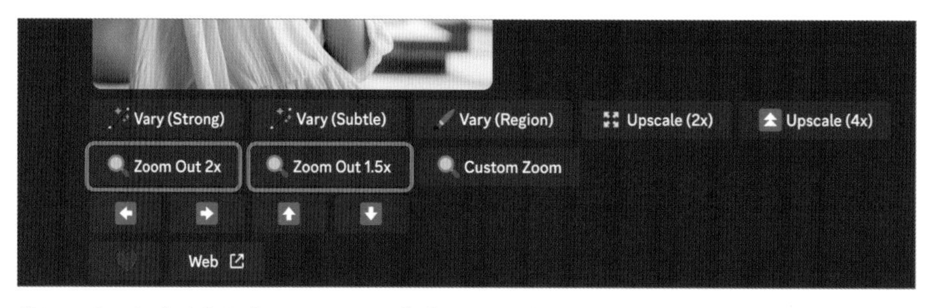

[Zoom Out 2×]または[Zoom Out 1.5×]をクリックすると、すぐに引きの構図を生成できる

以下にある画像が［Zoom Out 2×］の生成結果です。人物の生成範囲が広がり、天井や右側の植栽などが追加されています。このようにボタンひとつで引きの構図が生成されるため、バナーやWebデザインなど、あらゆる制作物に有用な機能といえます。

▶▶▶［Zoom Out 2×］で生成した例

人物の周りの生成範囲が広がり、天井や右側の植栽などが追加された

カスタムズームで倍率を指定する

アップスケール後の画像の下にある［Custom Zoom］は、ズームアウトの割合を調整できる機能です。これをクリックすると、以下のように［Zoom Out］画面がポップアップで表示されます。実はズーム機能にはパラメーターが使われており、数値を調整することで引きの度合いを変更可能です。--zoom ## のなかの##で指定できる数値の範囲は「1.0」～「2.0」なので、より細かく倍率を指定したい場合に利用しましょう。

▶▶▶ Custom Zoom の倍率変更画面

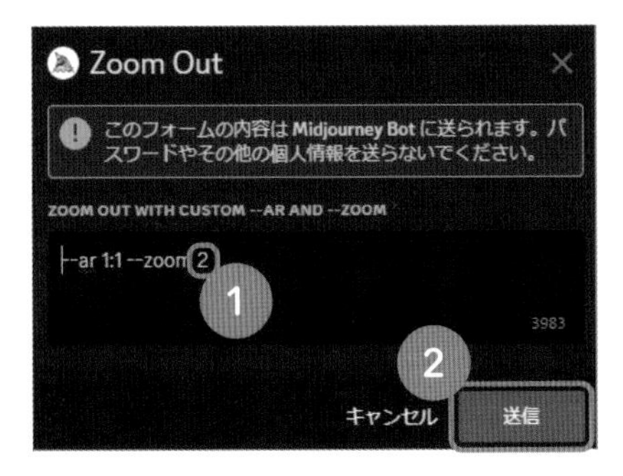

❶数値を変更して❷［送信］をクリックする

繰り返しズームアウトするときの注意点

ズームアウトを繰り返し実行することで、もとの生成画像からかなり引いた構図の画像を再生成することも可能です。しかし、繰り返すほどに、もとのプロンプトからは離れて違和感のある画像が生成されやすくなる点には注意してください。

以下の画像のうち、左はズームアウトを2回実行した生成結果、右は3回実行した生成結果です。右のほうが確かに引いた構図になっていますが、別の人物が追加で生成されていて違和感があります。ズームアウトを繰り返す場合は、目安として2回までにとどめておくのがおすすめです。

▶▶▶ Zoom Outを繰り返し実施した例

左の画像ではズームアウトを2回実行、右の画像では3回実行している

実践編

CHAPTER 11

基本のプロンプト集

Midjourneyの画像生成で役立つ基本的なプロンプトを
紹介しています。
さまざまな生成結果を参考に、ぜひ活用してみてください。

実践編

LESSON 35

構図・アングルに関するプロンプト

#構図・アングル
#人物モデル

人物を描いた画像は、構図やアングルを変えるだけで、被写体の雰囲気も変わります。ここでは、構図やアングルに関するプロンプトを紹介します。

このCHAPTERは「基本のプロンプト集」として、「思い通りの画像が生成できない」「ここをもう少し変化させたい」など、みなさんがMidjourneyで画像を生成するときに生じる課題や疑問の解決に役立つプロンプトを紹介しています。LESSONごとに、さまざまなプロンプトを用意しているので、生成画像をカスタマイズするときの参考にしてください。

このLESSONでは、構図やアングルに関するプロンプトを紹介します。構図やアングルは、特に人物モデルを生成するときに多用されるプロンプトの一部で、被写体となる人物を引きやアップで撮影したり、側面や後ろ姿で撮影したりしたような画像を生成できます。

構図に関するプロンプト

以降では、まずベースとなる画像を提示し、それにプロンプトを追加することで、どのように変化した画像が生成されるかを紹介していきます。構図に関するプロンプトでは、ベースとなる画像を japanese business man｜日本人のビジネスマン で生成することにします。実際に入力したテキストは「japanese business man」で、生成画像は次ページの通りです。

構図やアングルを指定しない場合は、腰から下は隠れた状態で生成されることが多いでしょう。何度か生成し直すことで、違う構図で生成されることもあると思いますが、理想の構図やアングルが生成されるまで繰り返し生成するのは時間がかかり大変です。

▶▶▶ ベース画像：日本人のビジネスマン

この生成画像をベースに、構図に関するプロンプトを指定していく

全身ショット

「日本人のビジネスマン」の全身ショットがほしいときには、先ほどのプロンプトの末尾に full body｜全身 のプロンプトを追加しましょう。実際に入力するテキストは「japanese business man, full body」です。生成結果は以下の画像の通りで、全身ショットで生成されました。このように指定することで、さまざまな構図での画像を生成できます。

▶▶▶ 全身ショットの生成例

全身が写った「日本人のビジネスマン」の画像が生成された

上半身ショット

ポートレートやプロフィール写真など、さまざまな用途で使われるのが上半身ショットです。上半身ショットには upper body や medium shot chest up というプロンプトを指定します。次ページの生成画像では腕を組んでいますが、腕組みが不要な場合は、ネガティブプロンプトに arms folded を指定します。なお、ポーズに関するプロンプトはLESSON 44で紹介しています。

▶▶▶ 上半身ショットの生成例

japanese business man, medium shot

顔のアップ

顔だけをアップにして撮影したような画像も生成できます。顔のアップの画像に吹き出しアイコンを付けることで、人物が話しているような資料を作成できるなど、素材の使い道も広がります。顔のアップにするには **face closeup｜顔のクローズアップ** をプロンプトに指定します。

▶▶▶ 顔のアップの生成例

プロンプト

japanese business man, face closeup

接写

目元だけを写したいといった、特定の部位だけを接写で生成したいときには **closeup of ####｜####を接写** をプロンプトに指定します。####の中に接写したい部位を入力しましょう。目元だけであれば **closeup of an eye｜目元の接写** 、手元の接写であれば **closeup of hands｜手元の接写** などです。

▶▶▶ 手元の接写の生成例

プロンプト

japanese business man, closeup of hands

アングルに関するプロンプト

続いて、アングル（カメラで写す角度）に関するプロンプトを紹介します。人物をどのような角度から撮影したのかを表すプロンプトを指定することで、まるでプロのカメラマンが撮影したようなクオリティの画像を生成できます。

今回のベースとなる画像は **stylish fashion influencer｜スタイリッシュなファッション系インフルエンサー** というプロンプトで生成します。生成結果は以下の通りで、アングルを指定しない場合、インフルエンサーのファッションに焦点を当てつつ、カフェのような場所にもクローズアップした画像が生成されました。

▶▶▶ ベース画像：ファッション系インフルエンサー

この生成画像をベースに、アングルに関するプロンプトを指定していく

正面のアングル

先ほどの画像をインフルエンサーのファッションにフォーカスした画像にするには、インフルエンサーを正面から撮影したようにするのが適切といえるでしょう。その場合、先ほどのプロンプトに加えて  のプロンプトも指定しましょう。実際に入力するテキストは「stylish fashion influencer, front view」で、生成結果は以下の画像の通りです。雑誌の表紙を飾るような正面からの画像が生成されました。

▶▶▶ 正面の生成例

プロンプト

stylish fashion influencer, front view

側面のアングル

人物を横から撮影した画像を生成したい場合は、 をプロンプトに指定します。人物のシルエットやラインを強調するときなどに使われるアングルです。以下の画像のようなファッションに関する生成物などで役立つプロンプトといえるでしょう。

▶▶▶ 側面の生成例

プロンプト

stylish fashion influencer, side view

後ろ姿のアングル

人物を後ろ姿で撮影した画像を生成したい場合は、back view｜後ろ姿 や rear view をプロンプトに指定します。モデルの背中や髪型をアピールするときなどに使われるアングルです。

▶▶▶ 後ろ姿の生成例

プロンプト

stylish fashion influencer, back view

上や下からのアングル

人物を下から撮影した画像を生成する場合は、low angle shot｜下からのショット をプロンプトに指定します。下からの撮影は人物に限らず被写体の迫力を強調できます。大きなビルなどの建造物でも有効活用できるでしょう。上から撮影した画像を生成する場合は high angle shot｜上からのショット をプロンプトに指定します。

▶▶▶ 下からの生成例

プロンプト

stylish fashion influencer, low angle shot

実践編

LESSON 36

画風に関するプロンプト

#画風

「ポップアート」「浮世絵」といった画風をプロンプトに加えると、生成する画像の雰囲気を大胆に変えることができます。実際の生成例を見ていきましょう。

「画風」の辞書的な意味は「絵画に表れた画家や流派の作風」となりますが、ここでは単純に「イラストのタッチや雰囲気」と捉えてかまいません。「生成した画像にパンチを加えたい」「違った印象に仕上げたい」といったときには、画風に関するプロンプトを追加してみるといいでしょう。通常であれば写実的な仕上がりになるところが、「ポップアート」「浮世絵」「ステンドグラス風」といった特徴のあるタッチに変えることができ、デザインにインパクトを与えられます。特に、ポスターやSNSアイコンの素材として適しています。

今回は、ベースとなる画像として「走っている茶色のプードル」を利用します。プロンプトは **running brown poodle | 走っている茶色のプードル** を指定しました。実際に入力するテキストは「running brown poodle」で、以下が生成された画像です。画風を指定せずに生成すると、写実的なプードルが生成されます。これに画風に関するプロンプトを付け加えていきます。

▶▶▶ベース画像：走っているプードル

この生成画像をベースに、画風に関するプロンプトを指定していく

ポップアート風

画風のプロンプトは #### style と表すことができ、####に画風を指定します。例えば、プードルの画像をカラフルでポップなイメージにしたい場合は、 pop art style｜ポップアート風 というプロンプトを追加します。生成結果は以下の画像の通りで、カラフルな色使いと油絵のタッチで臨場感あふれるイラストが生成されました。

▶▶▶ポップアート風の生成例

プロンプト

running brown poodle, pop art style

抽象画風

抽象画では、具体的な物や風景をはっきりと描写するのではなく、ぼんやりと不明瞭なタッチで描きます。プロンプトは abstract art style｜抽象画風 と指定します。本来は感情や概念を表現する画風として有名ですが、今回はプードルを抽象化しているので、ある程度「プードルである」と認識できる画像が生成されました。抽象画風のイラストは独特なテイストになりやすいため、注目を引くようなバナーデザインなどに活用できそうです。

▶▶▶抽象画風の生成例

プロンプト

running brown poodle, abstract art style

浮世絵風

浮世絵は、日常の風景や人々を独特のタッチで描いた日本の伝統的な画風です。江戸時代の和や美意識を反映しているため、本来であれば和風テイストの画像がマッチしますが、今回はプードルを浮世絵のタッチで生成します。プロンプトは **ukiyo-e style｜浮世絵風** と指定します。浮世絵は他の画風と比べても同じテイストで仕上がりやすいので、複数のイラストに和風の統一感を持たせたい場合でも活用できるでしょう。

▶▶▶浮世絵風の生成例

プロンプト

running brown poodle, ukiyo-e style

ビンテージ風

ビンテージアートは、どこか懐かしい古き良き時代の風情と温かみを持った画風です。アンティークなタッチや色合いが特徴で、過去の時代をほうふつとさせるデザインが魅力となります。プロンプトは **vintage style｜ビンテージ風** と指定します。以下の画像のように暖色系の温かみがあり、懐かしさを感じる画像を生成できます。ビンテージ風のデザインは、レトロな雰囲気を求めるサムネイルやバナーに最適です。なお、「vintage style」で生成すると、余白フレーム付きで生成されることが多くなります。

▶▶▶ビンテージ風の生成例

running brown poodle, vintage style

ドット絵風

ドット絵（ピクセルアート）は、色付きのピクセルを組み合わせて作成するデジタルアートのスタイルです。レトロなゲームや8ビット・16ビットのコンピューターグラフィックスを思い起こさせるデザインが特徴です。ビンテージとは異なった独自のレトロな雰囲気を持っており、アイコンやロゴデザイン、Webサイトのファビコンなどに活用できます。プロンプトは **pixel art style｜ドット絵風** と指定します。また、8bit風のドット絵にしたい場合は **8bit pixel art style｜8bitのドット絵風** と指定しましょう。

▶▶▶ドット絵風の生成例

running brown poodle, pixel art style

コミックアート風

コミックアートは、マンガやアメリカンコミックのような線画と色彩を特徴とする画風です。動きや表情を強調することで、キャラクターや物語の情熱を伝えるのが特徴です。特定のトピックに関連した視覚的な要素として、YouTubeのサムネイルやブログのアイキャッチなどに活用できます。プロンプトは **manga style｜コミック風** と指定します。

▶▶▶コミックアート風の生成例

running brown poodle, manga style

ステンドグラス風

ステンドグラスは、色付きのガラスを組み合わせて美しいデザインやイメージを作り出すアートスタイルです。教会や歴史的な建物でよく見られ、光を通すことで幻想的な雰囲気を生み出します。ステンドグラス風のデザインは、神秘的で高貴な雰囲気を出したいケースに適しています。プロンプトは **stained glass style｜ステンドグラス風** と指定します。

▶▶▶ステンドグラス風の生成例

プロンプト

running brown poodle, stained glass style

アール・デコ風

アール・デコは、1920年代から1930年代に流行したデザインで、幾何学的な形や豪華な装飾、洗練されたラインが特徴です。モダンでエレガントなデザインが魅力となっており、高級感や都会的な雰囲気を持つバナーやWebサイトに適しています。プロンプトは **art deco style｜アール・デコ風** と指定します。

▶▶▶アール・デコ風の生成例

プロンプト

running brown poodle, art deco style

LESSON 37

画家に関するプロンプト

#画家

「モネ」「ゴッホ」などの著名画家をプロンプトに追加すると、その画家のテイストに似たイラストを生成できます。絵画のように仕上げたい場合に利用しましょう。

プロンプトに画家の名前を指定して生成すると、指定した画家と同じテイストの作品を生成できます。今回は、ベースとなる画像として「寝ている白黒模様の猫」を利用します。プロンプトは sleeping white and black cat | 寝ている白黒模様の猫 を指定しました。実際に入力するテキストは「sleeping white and black cat」で、以下が生成された画像です。画家を指定するプロンプトは painting in the style of #### で、####に画家を指定します。以降で、さまざまな画家のプロンプトを追加した生成例を見ていきましょう、

▶▶▶ベース画像：寝ている白黒模様の猫

この生成画像をベースに、画家に関するプロンプトを指定していく

クロード・モネ風

「睡蓮」で有名なクロード・モネの画風は、印象派の特徴を色濃く反映したもので、自然の風景やその瞬間の光と影を繊細に捉えていることが特徴です。彼の作品は筆のタッチが独特で、色彩を重ねることで深みや動きを表現しています。プロンプトは **painting in the style of Claude Monet｜クロード・モネ風に描く** と指定します。

▶▶▶ モネ風の生成例

プロンプト

sleeping white and black cat, painting in the style of Claude Monet

フィンセント・ファン・ゴッホ風

「ひまわり」や「星月夜」で有名なゴッホの画風は、情熱的な色使いを特徴としています。太くて力強い筆のタッチや渦巻きのような動き、そして鮮やかな色彩が印象的です。プロンプトは **painting in the style of Van Gogh｜ゴッホ風に描く** と指定します。以下の生成例では、ゴッホの代表作である「星月夜」風の仕上がりになりました。

▶▶▶ ゴッホ風の生成例

プロンプト

sleeping white and black cat, painting in the style of Van Gogh

ピート・モンドリアン風

「コンポジション」シリーズで有名なピート・モンドリアンの画風は、シンプルな黒い線と鮮やかな色を配色したデザインが特徴です。プロンプトは painting in the style of Mondrian｜モンドリアン風に描く と指定します。生成された以下の画像はまさに「コンポジション」シリーズを象徴する黒い線と鮮やかな色で描かれており、モンドリアンらしさが色濃く表現されています。

▶▶▶モンドリアン風の生成例

プロンプト

sleeping white and black cat, painting in the style of Mondrian

エドヴァルド・ムンク風

「叫び」で有名なエドヴァルド・ムンクの画風は、インパクトのある色彩と単純化した形態が特徴です。プロンプトは painting in the style of Edvard Munch｜ムンク風に描く と指定します。エドヴァルド・ムンクらしい、独特な色や形で生成されていることがわかります。

▶▶▶ムンク風の生成例

プロンプト

sleeping white and black cat, painting in the style of Edvard Munch

ヨハネス・フェルメール風

「真珠の耳飾りの少女」や「牛乳を注ぐ女」で有名なヨハネス・フェルメールの画風は、日常のシーンや人物を中心に、室内の光や影、物の質感をリアルに描写しているのが特徴です。プロンプトは **painting in the style of Johannes Vermeer｜フェルメール風に描く** と指定します。

▶▶▶ フェルメール風の生成例

プロンプト

sleeping white and black cat, painting in the style of Johannes Vermeer

パブロ・ピカソ風

「ゲルニカ」や「泣く女」で有名なパブロ・ピカソの画風は、物や人物を幾何学的な形に分解し、独特な色彩で描かれているのが特徴です。プロンプトは **painting in the style of Pablo Picasso｜パブロ・ピカソ風に描く** と指定します。生成された画像はキュビズム風に描かれており、ピカソの特徴を捉えているといえます。

▶▶▶ ピカソ風の生成例

プロンプト

sleeping white and black cat, painting in the style of Picasso

葛飾北斎風

「富嶽三十六景」などで有名な葛飾北斎の作品は、風景や人々、動植物をテーマにしたものが多く、鮮やかな色彩や構図、細かい筆のタッチが特徴です。プロンプトは **painting in the style of Katsushika Hokusai｜葛飾北斎風に描く** と指定します。生成された画像の背景には日の丸のような半円が描かれており、日本らしさを表現できています。

▶▶▶北斎風の生成例

プロンプト

sleeping white and black cat, painting in the style of Katsushika Hokusai

サンドロ・ボッティチェッリ風

「ヴィーナスの誕生」で有名なサンドロ・ボッティチェッリの画風は、流れるような線や繊細な色使いが特徴です。プロンプトは **painting in the style of Sandro Botticelli｜ボッティチェッリ風に描く** と指定します。生成された画像はボッティチェッリの「プリマヴェーラ」(春) 風に描かれており、草花の背景模様や、全体的にダークな色合いの中に際立つ色の使い方がボッティチェッリらしさを表現しています。

▶▶▶ボッティチェッリ風の生成例

プロンプト

sleeping white and black cat, painting in the style of Sandro Botticelli

実践編

LESSON 38

絵のタッチに関するプロンプト

#絵のタッチ

「手書き風」「色鉛筆風」「デッサン風」といったイラストのタッチを表すプロンプトを覚えておくと、人の手で描いたような画像を生成したいときに役立ちます。

「生成した画像を手書き風に変えたい」といったときに活躍するのが絵のタッチに関するプロンプトです。「手書き風」や「水彩画風」など絵のタッチをプロンプトに含めることで、画像の仕上がりを指定できます。今回はベースとなる画像として「青いクルマ」を利用します。プロンプトは bule car | 青いクルマ と指定し、以下が生成された画像です。絵のタッチのプロンプトは #### style で、####に絵のタッチを指定します。

▶▶▶ベース画像：青いクルマ

この生成画像をベースに、絵のタッチに関するプロンプトを指定していく

手書き風

手書き風のタッチは、その名の通り直接的な筆使いが感じられるスタイルです。自然な筆の動きが特徴で、手作り感を出したいときに適しています。プロンプトは **handwritten style｜手書き風** と指定します。

▶▶▶手書き風の生成例

bule car, handwritten style

色鉛筆風

色鉛筆風のタッチは、色の重ね合わせやグラデーションを表現するのに適したスタイルです。柔らかさや温かみ、手作りの雰囲気が魅力で、オリジナルの雰囲気を出したいときや、子ども向けコンテンツなどに活用できます。プロンプトは **colored pencil style｜色鉛筆風** と指定します。クレヨン風のタッチにしたい場合は **crayon style｜クレヨン風** と指定しましょう。

▶▶▶色鉛筆風の生成例

blue car, colored pencil style

油絵風

油絵風のタッチは、独特な質感と深みのある色彩、ざっくりとした塗りが特徴です。写実的にも抽象的にも見える油絵は、アート作品や重厚感のある雰囲気で生成したいときに適しています。プロンプトは **oil painting style | 油絵風** と指定します。

▶▶▶ 油絵風の生成例

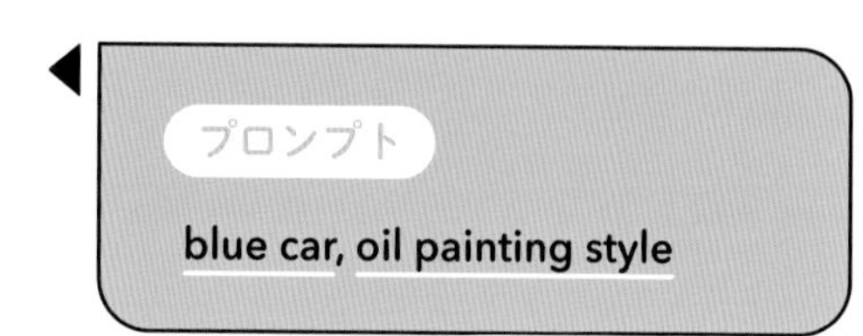

水彩画風

水彩画風のタッチは、柔らかく流れるような繊細なイラストに仕上げたいときに適したスタイルです。優しい雰囲気を持っているため、風景や花、動物などの自然を表現する画像の生成に向いています。プロンプトは **watercolor style | 水彩画風** と指定します。

▶▶▶ 水彩画風の生成例

デッサン風

デッサン風のタッチは、線画や影を中心に、シンプルでありながら細かな描写で生成したいときに適しています。アイデアを表現するときや、建物・機械の設計図などを描写したいときに利用するといいでしょう。プロンプトは sketch style｜デッサン風 と指定します。

▶▶▶ デッサン風の生成例

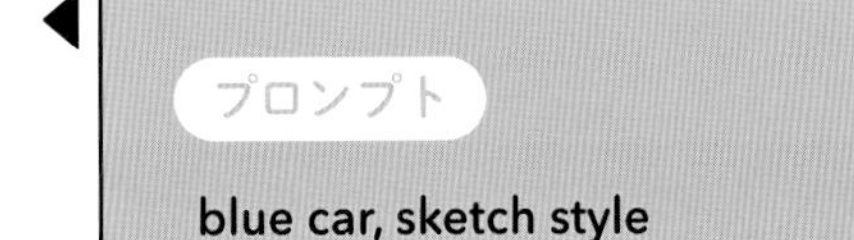

モダンアート風

モダンアート風のタッチは、現代的なかっこいい雰囲気で生成したいときに適したスタイルです。商品やサービスのコンセプトとあうなら利用してみましょう。プロンプトは modern art style｜現代風 と指定します。

▶▶▶ モダンアート風の生成例

実践編

LESSON

39

#レンズ

レンズに関するプロンプト

「魚眼レンズ」や「広角レンズ」などを使って、プロのカメラマンが実際に撮影した写真のような画像を生成できる、レンズに関するプロンプトを紹介します。

Midjourneyで人物の画像を生成すると、通常のレンズで正面から撮影した写真のように仕上がることが多いですが、「魚眼レンズ」や「マクロレンズ」「広角レンズ」といったレンズに関するプロンプトを入れると、プロのカメラマンが実際にレンズを使って撮影した写真のような画像を生成できます。ファッション系のWebサイトやバナーなどで、プロのカメラマンが撮影したようなクオリティで生成したいときにおすすめです。

今回は、ベースとなる画像として「笑顔の日本人の子ども」を利用します。プロンプトは **japanese child｜日本人の子ども** **smile｜笑顔** と指定しました。以下が生成された画像です。

▶▶▶ ベース画像：笑顔の日本人の子ども

この生成画像をベースに、レンズに関するプロンプトを指定していく

一眼レフカメラ風

本格的なカメラといえば、多くの人が「一眼レフカメラ」を思い浮かべると思います。プロンプトに DSLR-like | 一眼レフカメラ風 と指定すると、一眼レフカメラの高い解像度と深い色彩を再現できます。DSLRは「Digital Single Lens Reflex camera」の略で「一眼レフカメラ」を指します。ポートレートや風景、商品撮影など、プロのカメラマンが撮影した写真のような画像を生成したいときに活用しましょう。

▶▶▶一眼レフカメラ風の生成例

プロンプト

japanese child, smile, DSLR-like

魚眼レンズ風

魚眼レンズ特有の周りが歪んだような、超広角な写真を再現できます。魚眼レンズならではの、球状に写し出された写真のような画像を生成したいときに活用しましょう。特に、スポーツの場面やミュージックビデオ風など、独特な視点を表現したいときに向いています。プロンプトは fisheye lens style | 魚眼レンズ風 と指定します。

▶▶▶魚眼レンズ風の生成例

プロンプト

japanese child, smile, fisheye lens style

マクロレンズ風

マクロレンズ特有の、被写体にクローズアップした画像を生成したいときに役立ちます。マクロレンズは非常に小さな被写体を大きく、詳細に撮影することができるため、微細なディテールや質感を鮮明に捉えられるのが特徴です。プロンプトは **macro lens｜マクロレンズ風** と指定します。

▶▶▶ マクロレンズ風の生成例

プロンプト

japanese child, smile, macro lens

広角レンズ風

広角レンズ特有の、広い範囲を写したような画像を生成したいときに役立つプロンプトです。風景や建築物を大きく写したいときや、室内の広さを強調して表現したいときに効果的です。プロンプトは **wide angle lens｜広角レンズ風** と指定します。

▶▶▶ 広角レンズ風の生成例

プロンプト

japanese child, smile, wide angle lens

実践編

LESSON

40

時間帯

時間帯に関するプロンプト

風景を生成するときなどに、特定の時間帯を指定したい場合は「朝」「昼」「夜」といった時間帯に関するプロンプトをあらかじめ追加しておきましょう。

Midjourneyで景色の画像を生成するときには、その時間帯が昼になるのか夜になるのか、生成が完了するまでわからないという問題があります。それはそれでMidjourneyならではの楽しみ方ともいえますが、あらかじめ時間帯を指定したい場合には、プロンプトを追加しておきましょう。「朝」「昼」「夜」のほか、「夕日」といった指定もできます。

今回は、ベースとなる画像として「島の景色」を利用します。プロンプトは island landscape | 島の景色 と指定しました。以下が生成された画像で、昼の時間帯で生成されました。これをベースにさまざまな時間帯に変えていきましょう。

▶▶▶ ベース画像：島の景色

この生成画像をベースに、時間帯に関するプロンプトを指定していく

朝の時間帯

朝の時間帯を生成するときには、プロンプトに morning や in the morning を指定します。朝ならではの爽やかな朝焼けの景色を表現したいときに活用しましょう。

▶▶▶ 朝の生成例

昼の時間帯

昼の時間帯を生成するときには、プロンプトに daytime や noon を指定します。太陽が天高く上がり、まぶしく活気にあふれた画像を生成できます。ベース画像も昼の時間帯でしたが、プロンプトを追加した以下の画像のほうが、より太陽の光が明るく描かれています。

▶▶▶ 昼の生成例

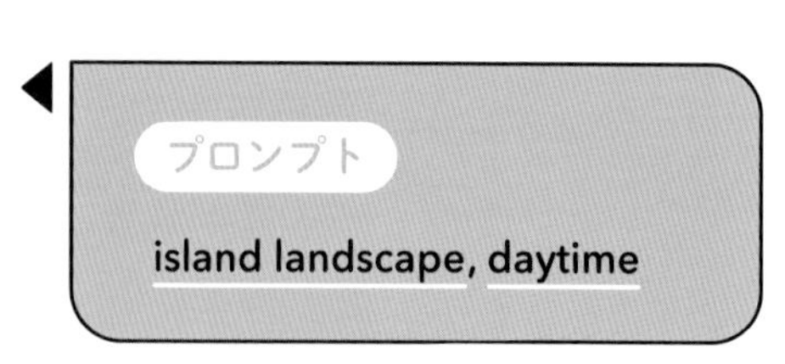

夕日の時間帯

夕日の時間帯を生成するときには、プロンプトに sunset を指定します。昼と違い、太陽が沈む間際のオレンジや紫のグラデーションが描かれた画像を生成できます。

▶▶▶夕日の生成例

プロンプト

island landscape, sunset

夜の時間帯

夜の時間帯を生成するときには、プロンプトに night を指定します。日が沈み、月明かりが辺りを照らす神秘的な画像を生成できます。

▶▶▶夜の生成例

実践編

LESSON
41

#ライティング

ライティングに関するプロンプト

カメラでの撮影時に起こる「逆光」や「レンズフレア」を意図的に発生させた画像を生成したい場合は、ライティングに関するプロンプトを利用します。

実際の写真と同様に、フォトライクな画像を生成するときには、光の当たり方（ライティング）によって印象が大きく変わります。Midjourneyでは通常は順光の写真のような画像が生成されますが、例えば窓際に座っている人物モデルを生成する場合、それが逆光となるのか、光の当たり方が強いのか弱いのかは、生成が完了するまでわかりません。このようなときに役立つのが、ライティングに関するプロンプトです。「逆光」や「柔らかい光」「レンズフレア」といったプロンプトをあらかじめ指定することで、生成される画像の雰囲気をある程度、絞れるようになります。

今回は、ベースとなる画像として「窓の前に座っている女性」を利用します。プロンプトは **woman sitting in front of a window｜窓の前に座っている女性** と指定しました。以下が生成された画像です。これをベースにさまざまなライティングに変えていきましょう。

▶▶▶ベース画像：窓の前に座っている女性

この生成画像をベースに、ライティングに関するプロンプトを指定していく

逆光

逆光で撮影した写真は被写体をシルエットとして表現でき、ロマンチックな印象に仕上げられます。背景の光が強い場合には特に被写体が暗くなり、輪郭が強調されるので、コントラストを強調したいときやドラマチックな演出をしたいときにおすすめです。プロンプトは backlight | 逆光 と指定します。

▶▶▶逆光の生成例

プロンプト

woman sitting in front of a window, backlight

柔らかい光

光の強さを表すプロンプトとして、「柔らかい光」を表す soft light | 柔らかい光 や natural light | 自然光 と指定すると、直接的に差し込む光ではなく、拡散された光が当たっているような画像になります。被写体を優しく照らしているようなイメージに仕上げたいときに適しています。

▶▶▶柔らかい光の生成例

プロンプト

woman sitting in front of a window, soft light

雰囲気のある光

プロンプトとして moody light｜ムーディーな光 や cinematic light｜シネマティックライト と指定すると、感情を引き立てる独特な光の差し方になります。夕暮れ時のオレンジ色の光、キャンドルやランタンの柔らかな灯りなど、シーンによって雰囲気のある光の意味合いが変わるので、いろいろと試してみましょう。ダークな雰囲気の画像を生成したいときにもおすすめです。

▶▶▶ 雰囲気のある光の生成例

プロンプト

woman sitting in front of a window, moody light

レンズフレア

レンズフレアは、カメラのレンズ内部での光の反射や屈折によって生じる、写真上の光の現象を指します。明るい放射状の光の筋や色のグラデーションが加わるので、神秘的な雰囲気に仕上がります。プロンプトは lens flare｜レンズフレア と指定します。

▶▶▶ レンズフレアの生成例

プロンプト

woman sitting in front of a window, lens flare

ブルーアワー

ブルーアワーは、太陽が沈んだ直後や昇る直前の短い時間帯を指し、空が青く染まる美しい瞬間を表します。空の色が深い青から紫にかけて変化し、都市のシルエットが鮮明に浮かび上がる特徴があるので、幻想的でロマンチックな画像に仕上がります。プロンプトは blue hour｜ブルーアワー と指定します。

▶▶▶ブルーアワーの生成例

プロンプト

woman sitting in front of a window,
blue hour

ステージライト

ステージライトは、舞台上のパフォーマンスやプレゼンテーションに注目させるためのライティングを指します。光を一点に集めるため、人物や物を強調することができます。プロンプトは stage lighting｜ステージライティング と指定します。

▶▶▶ステージライトの生成例

プロンプト

woman sitting in front of a window,
stage lighting

実践編

LESSON
42
#色

色に関するプロンプト

単色を指定するだけでなく、「グラデーション」や「ネオンカラー」など、一風変わった色を指定できます。ここでは、色に関するプロンプトを紹介します。

色に関するプロンプトは、単に「青」や「赤」と指定するだけでなく、雰囲気にあわせて複雑な色合いを指定できます。例えば「グラデーション」や「ネオンカラー」「パステルカラー」などです。特に効果があるのは、具体的な物に対して色を指定する場合です。

今回は、ベースとなる画像として「おしゃれな置き時計」を利用します。プロンプトは **stylish table clock | おしゃれな置き時計** と指定しました。以下が生成された画像です。これをベースにさまざまな色に変えていきましょう。

▶▶▶ベース画像：おしゃれな置き時計

この生成画像をベースに、色に関するプロンプトを指定していく

グラデーションカラー

グラデーションカラーは、ひとつの色から別の色へと徐々に変化する色の効果を指します。グラデーションは背景やテキスト、イラストなど、さまざまな要素に使うことができ、モダンで洗練された印象を与えたいときにおすすめです。プロンプトは **gradient｜グラデーション** と指定します。

▶▶▶ グラデーションカラーの生成例

stylish table clock, gradient

ネオンカラー

ネオンカラーは、鮮やかで強烈な発色が特徴です。80年代やサイバーパンクな雰囲気を出したいときに活用できます。未来感を表現したいときや、注目を引きつけたいときにおすすめです。プロンプトは **neon color｜ネオンカラー** と指定します。

▶▶▶ ネオンカラーの生成例

stylish table clock, neon color

パステルカラー

パステルカラーは柔らかく淡い色調が特徴で、優雅で穏やかな印象を与える色合いです。春をイメージした商品、子どものおもちゃ、ウェディングシーンなどに適しており、ロマンチックなムードや優しい雰囲気を表現したいときにおすすめです。プロンプトは **pastel color | パステルカラー** と指定します。

▶▶▶ パステルカラーの生成例

プロンプト

stylish table clock, pastel color

くすみカラー

くすみカラーは、鮮やかさが控えめで深みのある色調が特徴で、洗練された印象を与える色合いです。ビンテージやレトロなデザインを思わせるこの色調は、ファッションやインテリアにも取り入れられ、落ち着いた大人の雰囲気を表現するのに適しています。プロンプトは **muted color | くすみカラー** と指定します。くすみカラーと似たイメージを生成するプロンプトとしては、他に **earth color | アースカラー** があります。

▶▶▶ くすみカラーの生成例

プロンプト

stylish table clock, muted color

実践編

LESSON
43

#顔
#髪型
#眉毛・ヒゲ

人物の顔や髪型に関するプロンプト

Midjourneyでは顔や髪型を細かく指定できます。人物の生成時に覚えておきたい「輪郭」「目元」「眉毛」「髪型」「ヒゲ」に関するプロンプトをまとめます。

思い通りの人物モデルを生成したい場合には、顔や髪型に関するプロンプトを試してみましょう。今回は、ベースとなる画像として「街中で笑っている日本人の女の子」を利用します。プロンプトは japanese girl｜女の子 smiling｜笑顔 in the city｜街中 と指定しました。以下が生成された画像です。

▶▶▶ベース画像：街中で笑っている日本人の女の子

この生成画像をベースに、人物の顔や髪型に関するプロンプトを指定していく

輪郭

「面長」や「丸顔」など、イメージしている人物モデルの雰囲気にあわせて輪郭に関するプロンプトを指定しましょう。具体的には、面長は long face 、丸顔は round face 、四角い顔は square face と、「形＋face」で指定します。面長の生成結果は次ページの画像の通りで、いわれてみれば面長とわかる程度の自然な画像を生成できます。

▶▶▶ 輪郭（面長）の生成例

プロンプト

japanese girl, smiling, in the city, long face

目元

目元に関連したプロンプトもいくつかあります。例えば、目を閉じた画像を生成したいときは close eyes｜閉じた目 と指定します。他にも eyes half closed｜半目 や droopy eyes｜垂れ目 narrow eyes｜細目 teary eyes｜涙目 などがあります。ちなみに、目を大きくしたい場合に big eyes｜大きな目 と指定すると、目の大きなアニメ風キャラクターの画像が生成されやすくなります。写実的な人物モデルの目を大きくしたい場合は、wide eyed などと指定するのがおすすめです。「閉じた目」の生成結果は以下の画像の通りです。

▶▶▶ 目元（閉じた目）の生成例

プロンプト

japanese girl, smiling, in the city, close eyes

眉毛

眉毛に関するプロンプトとしては、例えば thick eyebrows｜太眉 があります。それとは逆に thin eyebrows｜細眉 も指定できますが、太眉に比べると変化がわかりにくいかもしれません。他にも、自然な形の眉毛にする natural eyebrows｜自然眉 、アーチ状の眉にする

arched eyebrows | アーチ眉 などがあります。太眉の生成結果は以下の画像の通りです。

▶▶▶眉毛（太眉）の生成例

プロンプト

japanese girl, smiling, in the city, thick eyebrows

髪型

髪型のプロンプトは、他のプロンプトと比べて非常に多いです。例えば、short hair | ショートヘア や medium hair | ミディアムヘア long hair | ロングヘア などがあり、雰囲気に応じて指定しましょう。他にも bangs | 前髪 や hair bun | お団子ヘア blonde hair | 金髪 などでも生成できます。ショートヘアの生成結果は以下の画像の通りです。

▶▶▶髪型（ショートヘア）の生成例

プロンプト

japanese girl, smiling, in the city, short hair

ヒゲ

人物モデルが男性なら、beard | ヒゲ でヒゲを追加できます。他にも mustache | 口ひげ thick beard | 濃いヒゲ thin beard | 薄いヒゲ など、男性の雰囲気に応じて変更しましょう。ヒゲの生成結果はLESSON 21を参照してください。

実践編

LESSON 44

人物のポーズに関するプロンプト

#ポーズ

人物モデルに特定のポーズをとらせたい場合は、「腕組み」「壁にもたれる」といったプロンプトを追加しましょう。雰囲気の違った画像を生成できます。

Midjourneyで人物を生成すると、前を向いた状態でポーズがない画像が生成されがちです。ポーズを指定したい場合は、ポーズに関するプロンプトを追加してみましょう。「腕組み」や「腰に手をあてる」「座る」など、細かく指定できます。今回は、ベースとなる画像として「ビジネススーツを着たストックフォト風の女性」を利用します。プロンプトは **stock photo of a woman | ストックフォト風の女性** **business suit | ビジネススーツ** と指定しました。以下が生成された画像です。

▶▶▶ベース画像：ビジネススーツを着たストックフォト風の女性

この生成画像をベースに、ポーズに関するプロンプトを指定していく

ビジネス関連のポーズ

ビジネス関連の写真や広告では、「プロフェッショナル」「自信」「リーダーシップ」などの雰囲気を強調するポーズがよく使われます。こうしたポーズをとった人物モデルを生成するには、プロンプトに **arms crossed | 腕組み** や **hands on hips | 腰に手をあてる** などを加えてみましょう。他にも、経営者が自身を紹介する写真でイスに座ってポーズをとるようなシーンも生成できます。その場合は **sitting | 座る** と指定しましょう。腰に手をあてたポーズの画像の生成結果は次ページの通りです。

▶▶▶腰に手をあてたポーズの生成例

プロンプト

stock photo of a woman, hands on hips

ファッション関連のポーズ

ファッション関連では、人物モデルやファッションを目立たせるために、カジュアルかつスタイリッシュなポーズが求められることがあります。そのようなときには leaning against a wall | 壁にもたれている や lie down | 横たわっている などのプロンプトがおすすめです。壁にもたれたポーズの生成結果は以下の通りです。

▶▶▶壁にもたれたポーズの生成例

プロンプト

stock photo of a woman, leaning against a wall

躍動感のあるポーズ

躍動感のあるポーズを表現したプロンプトは、アスリートやダンスパフォーマンスなど、エネルギッシュさを感じられる画像を生成したいときに便利です。単に動きのあるポーズにするには motion | 動き とプロンプトを指定してもいいですし、スポーツの試合に勝利して観客が喜んで手を挙げているような写真を生成したいときには arms up | 手を挙げる と指示しましょう。動きのあるポーズの生成結果は次ページの通りです。

▶▶▶動きのあるポーズの生成例

プロンプト

stock photo of a woman, motion

手を特定の部位に置くポーズ

手を指示した部位に置くこともできます。感情や状況を表現する際に使用できるポーズで、例えば手を頭に置くと悩んでいる様子を表現できます。プロンプトは put finger on one's #### | 手を####に置く で、####に手を置く部位を指定します。以下の画像は put finger on her face | 手を顔に置く と指定した生成例で、何かを企んでいるような表情を表現できました。

▶▶▶手を顔に置いたポーズの生成例

プロンプト

stock photo of a woman, put finger on her face

その他のポーズ

これまでに述べたもの以外のポーズに関するプロンプトとしては、祈りや謝罪、あいさつを表現するポーズとして使える hands together | 手をあわせる 、手を振って歓迎するポーズとなる waving | 振る 、ミステリアスな雰囲気を表現できる back view | 後ろ向き などがあります。

実践編

LESSON

45

表情

人物の表情に関するプロンプト

人物の表情を指定するプロンプトを見ていきましょう。簡単に「笑っている」「怒っている」表情にでき、その雰囲気にあわせて背景などが変化することもあります。

Midjourneyでは、生成する人物モデルの表情も細かく指示できます。通常は生成が完了するまでどのような表情になるのかがわからないので、あらかじめ指定してみましょう。今回は、ベースとなる画像として「日本人の若い男性」を利用します。プロンプトは japanese young man | 日本人の若い男性 と指定しました。以下が生成された画像です。

▶▶▶ベース画像：日本人の若い男性

この生成画像をベースに、表情に関するプロンプトを指定していく

笑っている表情

笑っている表情は、単純に smile | 笑う と指定してあげればOKです。次ページの画像のように、満面の笑みで生成されます。他にも shy smile | 照れ笑い light smile | 微笑む smile with teeth | 歯を出して笑う evil smile | 薄笑い delighted | 感激する などがあります。好みにあわせて生成しましょう。

▶▶▶ 笑っている表情の生成例

プロンプト

japanese young man, smile

怒っている表情

怒っている表情で生成するには、angry | 怒る と指定しましょう。以下の画像では怒っている表情になっただけでなく、その表情にあわせて背景の色合いも変わっている点にも注目です。他にも annoyed | イライラした frown | しかめっ面 furious | 激怒 などがあるので、雰囲気にあわせていろいろな表情を試していくのがおすすめです。

▶▶▶ 怒っている表情の生成例

プロンプト

japanese young man, angry

悲しい表情

悲しい表情には、sad | 悲しい と指定しましょう。次ページの画像では怒っている表情と同じく、悲しい表情になっただけでなく背景にも変化があり、雨が降って濡れた男性が生成されています。他にも cry | 泣く weep | すすり泣き depressed | 落胆 などがあります。

▶▶▶悲しい表情の生成例

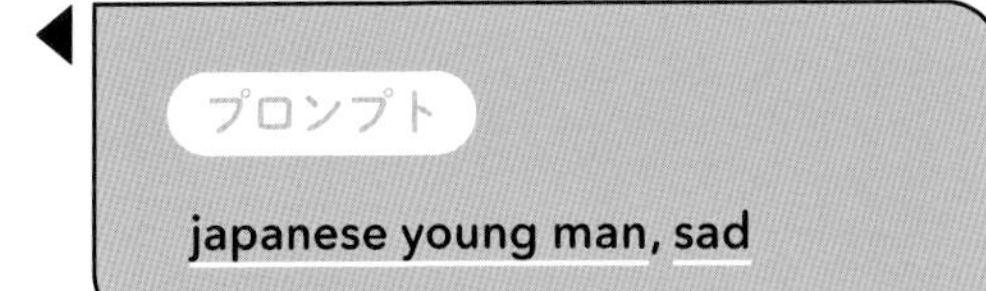

驚きや恐怖の表情

驚きを表すプロンプトは astonished｜驚き と指定します。他にも amazed｜感動 があります。恐怖を表すプロンプトには、scared｜恐怖 や afraid｜恐れている upset｜困った などがあります。驚きや恐怖を表す感情は、他の表情と異なり、驚いているようにも怒っているようにも見える表情が生成されるので、イメージと近いものがない場合は再生成をしましょう。

▶▶▶驚きの表情の生成例

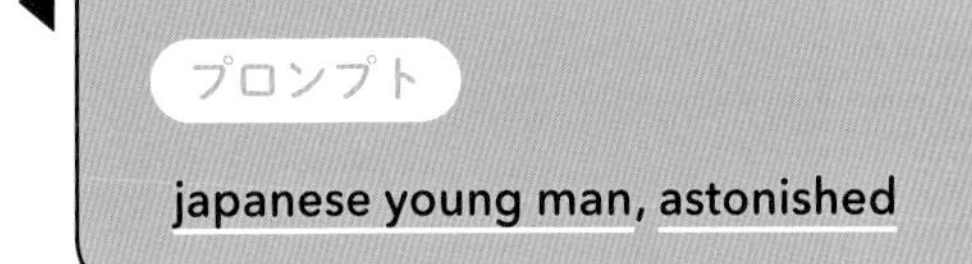

実践編

LESSON

46

人数

人数に関するプロンプト

人数を指定せずに人物の画像を生成した場合、通常は1人だけが描かれます。複数人の画像を生成するには「two people」のように人数を指定しましょう。

Midjourneyで人物を生成すると、基本的には1人の人物が生成されます。大人数で生成したい場合や、親子のセットで生成したい場合などでは、希望に応じてプロンプトを追加していきましょう。今回は、ベースとなる画像として「ストリートスタイルの全身写真」を利用します。プロンプトは **street style full-body photo | ストリートスタイルの全身写真** と指定しました。以下が生成された画像です。

▶▶▶ ベース画像：ストリートスタイルの全身写真

この生成画像をベースに、人数に関するプロンプトを指定していく

2人の人物を生成する

2人の人物を生成するには、プロンプトで **two people | 2人** と指定しましょう。これで人物が2人生成されますが、この場合は性別がどうなるかまではわかりません。2人とも女性にしたい場合は **two woman | 2人の女性** と指定しましょう。このようにプロンプト自体は非常にシンプルです。また、男女1人ずつ生成したい場合は **woman and man | 女性と男性** とすることで、次ページのような画像が生成されます。

▶▶▶男女１人ずつの生成例

プロンプト

street style full-body photo, woman and man

母と子を生成する

母と子の2人を生成したいときには、mother and child｜母親と子ども と指定します。これを父と子にしたいときは、father and child｜父親と子ども になります。以下のように woman and child と指定しても、母と子のような2人が手をつないでいる画像が生成されました。

▶▶▶母と子の生成例

プロンプト

street style full-body photo, woman and child

3人の人物を生成する

3人の人物を生成するには、three people｜3人 と指定します。2人のときと同様、この場合は性別までは指定できません。女性2人、男性1人で生成するには、two woman and man｜2人の女性と男性 とします。こちらもプロンプト自体は単純で、生成したい人数＋性別を組み合わせることで、複数人の生成を可能にしています。次ページの画像は2人の女性と男性の生成例です。

▶▶▶ 2人の女性と男性の生成例

プロンプト

street style full-body photo, two woman and man

3人以上の大人数で生成する

これまで説明したように、人数は「人数＋people」で生成できます。ただし、何人でも意図通りに生成できるわけではないようです。筆者が street style full-body photo のプロンプトで試した限りでは、nine people つまり9人までは認識できましたが、10人以上だとうまく生成できませんでした。

▶▶▶ 9人の生成例

プロンプト

street style full-body photo, nine people

「ストリートスタイルの全身写真」では、最大9人まで生成できた

一方で、シンプルに hundred people | 100人 と人数だけを指定したプロンプトでは、次ページの画像のように生成できました。といっても、100人以上の群衆を描いた少し不気味な雰囲気で、人物ひとりひとりの表情までは確認できない画像になっています。このように、プロンプトによっても生成される最大人数が異なるようです。

▶▶▶ 100人の生成例

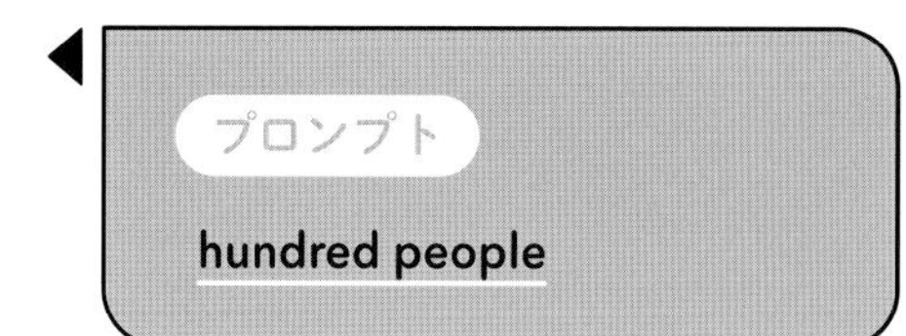

にじジャーニーで複数の人物を生成する

番外的にはなりますが、にじジャーニーでも複数人の生成が可能です。にじジャーニーに切り替えたうえで（LESSON 15を参照）、先ほどと同じプロンプトである street style full-body photo を指定し、人数は thirty people｜30人 として生成したのが以下の画像です。通常のMidjourneyでは9人が最大でしたが、にじジャーニーでは24人が生成されました。今回は風景などは描写されず、人物のイラストだけが生成されたので、素材集としても活用できるでしょう。ただし、これはあくまで筆者が試してみたときの例であり、同じプロンプトでも生成される最大人数は異なります。

▶▶▶ にじジャーニーでの生成例

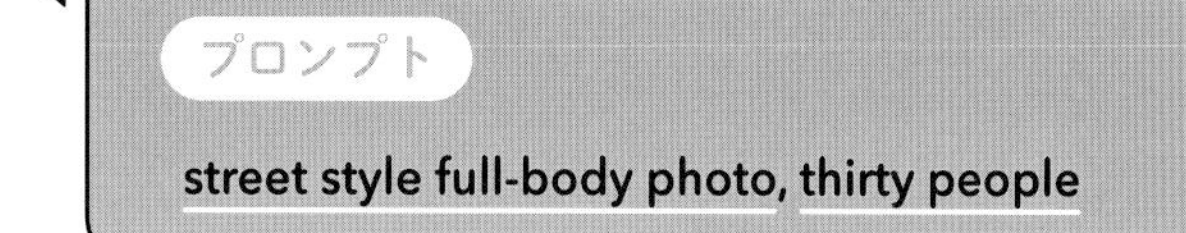

他にも、人数に関するプロンプトを応用すれば、ライトノベルのセリフシーンなどで使われる顔のイラストだけを、一度に何パターンも生成できます。プロンプトには girl front view｜正面を向いた女の子 thirty people｜30人 などと指定します。

実践編

LESSON 47

風景・景色に関するプロンプト

#風景
#景色

Webサイトや企画書などの素材に使える風景素材の生成は、Midjourneyの得意分野です。「街並み」や「自然」「宇宙」など、風景に関するプロンプトを紹介します。

Midjourneyでは、AIならではの独特な風景を生成できます。美しい都会の街並みや海、宇宙など、シンプルなプロンプトを指定するだけでも生成クオリティは非常に高いといえます。Webサイトや企画書の背景素材など、活用の幅は多種多様です。このLESSONでは、今までに紹介したベース画像は生成せず、シーン別に風景を生成していきます。

街並みの風景

街並みを生成するには、**urban cityscape | 都会の街並み** といったプロンプトを指定します。以下の左がその生成例で、一見すると今風の街並みではありますが、ところどころに未来的な見た目の建築物があるのがわかります。他にも **business street | ビジネス街** といったプロンプトは、ビジネス資料の挿絵などが必要なときに役立つでしょう。さらに、以下の右にあるのは **neon city | ネオンシティ** と指定した画像で、近未来の都市が描かれています。

▶▶▶ 街並みの生成例①

左が「都会の街並み」、右が「ネオンシティ」の生成例

Midjourneyは都市だけではなく、田園風景やファンタジー風の街並みも得意です。田舎の景色を生成したいときは countryside landscap | 田舎の景色 と指定します。生成結果は以下の左の画像で、今回は日本風の街並みではなく欧米風の田舎町が生成されました。右の画像は、ファンタジー風の街並みを生成するために fairytale townscape | おとぎ話の街 と指定したときの生成例です。

▶▶▶ 街並みの生成例②

左が「田舎の風景」、右が「おとぎ話の街」の生成例

ここまでの街並みの画像の生成例を見て、気づく点はないでしょうか？ それは、風景に関するプロンプトは夕方や夜の画像が生成されやすいという点です。Midjourneyはやや幻想的な風景にしたがる傾向があるので、そのような画像になるのを避けたい場合は、daytime | 昼 のプロンプトを追加で指定しましょう。

自然の景色

自然の景色は、リラクゼーション関連のWebサイトや観光ガイドなどに活用できます。多くの人が想像するであろう自然の景色には森や草原などが挙げられますが、それらのプロンプトは meadow view | 草原 や forest view | 森 と指定します。自然の景色は地域によっても特色が異なるので、例えばハワイなど南国風の景色を生成するには、プロンプトに tropical paradise | 南国の楽園 と指定しましょう。生成結果は次ページの通りです。

▶▶▶ 自然の景色の生成例①

左が「草原」、右が「南国の楽園」の生成例

他にも desert oasis | 砂漠のオアシス や、ゲームの背景などに使えそうな magical forest | 不思議な森 など、アイデア次第で無限大に景色を生成できます。

▶▶▶ 自然の景色の生成例②

左が「砂漠のオアシス」、右が「不思議な森」の生成例

海の景色

自然の景色と系統は似ていますが、海の景色を生成するためのプロンプトも紹介しましょう。単純に「海」だけ生成するには sea | 海 、「ビーチ」を生成するには beach | ビーチ と指定します。それぞれの生成結果は以下の画像の通りです。

▶▶▶ 海の景色の生成例①

左が「海」、右が「ビーチ」の生成例

海をテーマにした景色としては、他にも deep ocean｜深海 や、幻想的な海の世界を表現する glowing underwater world｜輝く海の世界 などで生成してみるのもいいでしょう。以下が生成例で、深海は神秘的なイメージが強いのか、人物が海の中で歩いている画像が生成されました。

▶▶▶ 海の景色の生成例②

左が「深海」、右が「輝く海の世界」の生成例

宇宙の景色

宇宙の景色も、深海と同様に非常に神秘的に仕上がります。ただ、Midjourneyでは現実的な宇宙というよりは、SFファンタジーのような風味で生成される傾向にあります。宇宙だけで生成する場合は universe｜宇宙 、銀河を生成する場合は galaxy｜銀河 と指定します。生成結果は以下の画像の通りで、いずれも人物と一緒に生成されています。人物が不要であれば、ネガティブプロンプトで人物を取り除きましょう。

▶▶▶ 宇宙の景色の生成例

左が「宇宙」、右が「銀河」の生成例

LESSON

48

世界観

世界観に関するプロンプト

風景・景色に関するプロンプトだけでは満足できない場合、ここで紹介する世界観を加えてみましょう。明るい・暗い世界観へと一気に変えることができます。

Midjourneyのプロンプトは忠実に画像を生成してくれますが、風景・景色に関するプロンプトだけではイメージ通りに仕上がらないことがあります。そのようなときには「ダイナミック」「未来的」といった世界観に関するプロンプトを追加することで、イメージ通りの世界観に仕上げることができます。風景の画像を生成するときなどに、補足情報として世界観に関するプロンプトを入れてみましょう。

今回は、ベースとなる画像として「森の中の動物たち」を利用します。プロンプトは **animals in the forest｜森の中の動物たち** と指定しました。以下が生成された画像です。世界観に関するプロンプトは **#### worldview｜####な世界観** で、####に世界観を表現する単語を入力します。これをベースにさまざまな世界観に変えていきましょう。

▶▶▶ ベース画像：森の中の動物たち

この生成画像をベースに、世界観に関するプロンプトを指定していく

明るい世界観

活気に満ちたエネルギーあふれる風景を生成したいときには、世界観に **dynamic worldview｜ダイナミックな世界観** を追加してみましょう。生成結果は以下の画像の通りで、森に住む動物たちが賑やかに集まっている場面が生成されていることがわかります。

▶▶▶ダイナミックな世界観の生成例

プロンプト

animals in the forest, dynamic worldview

他にも、平和で静寂さを表現する **tranquil worldview｜穏やかな世界観** や **comical worldview｜コミカルな世界観** **utopian worldview｜ユートピアな世界観** 、ファンタジーな世界を表現する **fantastical worldview｜幻想的な世界観** **romantic worldview｜ロマンチックな世界観** **mystical worldview｜神秘的な世界観** などがあります。どのプロンプトにも特徴があり、面白みのある世界を表現できるので、まずは試してみましょう。

▶▶▶神秘的な世界観の生成例

プロンプト

animals in the forest, mystical worldview

暗い世界観

全体的に暗めで、ダークな世界観を持った風景を生成したいときには **dystopian worldview｜ディストピアな世界観** などのプロンプトを追加するのがおすすめです。生成結果は以下の画像の通りで、森の秩序が壊された暗黒世界が生成されていることがわかります。ベースプロンプトが同じでも、世界観に関するプロンプトを1語加えるだけで、明るい世界観とは対照的な雰囲気で生成されます。

▶▶▶ディストピアな世界観の生成例

プロンプト

animals in the forest, dystopian worldview

他にも、ミステリアスな雰囲気で恐ろしい世界観を表現する **gothic worldview｜ゴシックな世界観** や、荒廃した世界を表現できる **post apocalyptic worldview｜終末的な世界観** などがあります。どれも雰囲気が大きく違うので、生成したいイメージにあわせてプロンプトを工夫しましょう。

▶▶▶終末的な世界観の生成例

プロンプト

animals in the forest, post apocalyptic worldview

その他の世界観

これまでに紹介した明るい世界観や暗い世界観では、動物ではなく風景に大きな変化がありました。例えば、終末的な世界観では森が枯れ果てて都市が崩れていましたが、ここから紹介する世界観は、動物にも変化が加わるプロンプトです。まずは未来的な世界観を紹介します。

未来的な世界観はプロンプトに futuristic worldview | 未来的な世界観 と指定します。生成結果は以下の画像の通りで、未来がテーマになっているので、鹿そのものが機械化しているのがわかります。人間にもロボットにも見える生物も一緒に生成されました。

▶▶▶ 未来的な世界観の生成例

プロンプト

animals in the forest, futuristic worldview

このようにプロンプト次第では、動物自体にも変化が加わります。同様に他のプロンプトも見てみましょう。 primitive worldview | 原始的な世界観 では、動物が今の見た目とは異なり、古代にいたような見た目に変わります。細かくみると、植物も原始的な雰囲気を再現しているように感じるでしょう。それ以外にも cyberpunk worldview | サイバーパンクな世界観 や steampunk worldview | スチームパンクな世界観 など、見た目のインパクトが強い世界観も生成できます。

▶▶▶ 原始的な世界観の生成例

プロンプト

animals in the forest, primitive worldview

実践編

LESSON 49

#乗り物

乗り物に関するプロンプト

Midjourneyで乗り物を生成しましょう。「自転車」「クルマ」などの単純なものから、「自転車を押す」「クルマを降りる」といった動作の表現も可能です。

Midjourneyでは、乗り物の生成もお手のものです。「自転車」「クルマ」など、乗り物を生成するプロンプトの他にも「自転車をこいでいる」「クルマを降りている」など、描写に関したプロンプトも解説していきます。これらのプロンプトを参考に、さまざまなデザインの制作に役立ててみましょう。

自転車

自転車を生成するには、プロンプトに bicycle | 自転車 と指定します。乗り物の単語をそのままプロンプトに使うだけなので、非常に単純です。自転車に乗っているシーンを生成したいときは、プロンプトに pedal a bicycle | 自転車をこぐ と指定します。このプロンプトを応用して、「都会の街で女性が自転車をこいでいる」画像を生成してみたのが、以下の画像です。他にも、自転車を押して歩いている画像を生成したいときは、push a bicycle | 自転車を押す と指定しましょう。

▶▶▶ 自転車をこぐ女性の生成例

プロンプト

woman, pedal a bicycle, urban city

クルマ

クルマ（自動車）を生成するには、プロンプトに **car｜クルマ** と指定します。自転車と同様にプロンプト自体は単純です。クルマの動作に関するものに「クルマを運転する」「クルマを降りる」「クルマの前に立つ」などがありますが、これらをプロンプトにすると **driving a car｜クルマを運転する** **getting out of a car｜クルマから降りる** **standing in front of a car｜クルマの正面に立つ** となります。ただし「driving a car」については、道路に対して走る向きが違っていたり、ハンドルをうまく握れていなかったりと生成精度が低かったため、何度も再生成する必要がありそうです。

▶▶▶ クルマから降りる女性の生成例

プロンプト

woman, getting out of a car

バス

バスを生成するには、プロンプトに **bus｜バス** と指定します。シーン別でのプロンプトには **standing in a car｜バスの中に立っている** や **look at the scenery from a bus｜バスから景色を眺めている** などがあります。バスから景色を眺めている画像の生成結果は以下の通りで、座席の向きに違和感がありますが、その通りの画像を生成できました。

▶▶▶ バスから景色を眺める女性の生成例

プロンプト

woman, look at the scenery from a bus

電車

電車を生成するには、プロンプトに train｜電車 と指定します。また、新幹線を生成したいときは shinkansen｜新幹線 と指定しましょう。電車に関するシチュエーションを表現するプロンプトには wait for a train｜電車を待つ や sleeping on a train｜電車で寝ている chatting on a train｜電車で話している などがあります。電車で話している画像の生成結果は以下の通りで、楽しくおしゃべりしている様子が生成されています。

▶▶▶ 電車で話している高校生の生成例

プロンプト

high school students, chatting on the train

飛行機

飛行機を生成するには airplane｜飛行機 と指定します。飛行機に関連した他のプロンプトには、people in business class｜飛行機のビジネスクラスにいる人 や cabin attendant working on an airplane｜機内で働くキャビンアテンダント などがあります。飛行機のビジネスクラスにいる人々の生成結果は以下の画像の通りで、機内でくつろいでいる様子が生成されているのがわかります。

▶▶▶ 飛行機のビジネスクラスにいる人々の生成例

プロンプト

airplane, people in business class

実践編

CHAPTER 12

プラグインを活用する

生成した人物モデルに実際の人物の顔を合成できる
プラグインの使い方を紹介します。

実践編

LESSON 50

InsightFaceで人物の顔を合成する

#プラグイン
#InsightFace

Webで公開されているさまざまな「プラグイン」を導入し、Midjourneyの機能を拡張できます。人物の顔を合成できる「InsightFace」を例に、使い方を解説します。

Midjourneyでは、画像生成AIの機能を拡張する「プラグイン」を導入できます。代表的なプラグインに、プロンプトの生成や画像の拡大・保存などを自動化する「Effortless Midjourney」、自動でプロンプトを送信して画像を生成する「AutoJourney」、自分の顔と生成された人物の顔だけを合成する「InsightFace」などがあり、種類はさまざまです。これらのプラグインは、プラグインの開発者のWebサイトなどからダウンロードできます。Midjourneyの扱いに慣れてきたら、自分のニーズにあったプラグインを導入して、画像生成をより便利にするといいでしょう。

このLESSONでは、InsightFaceを例に導入から使い方までを解説します。なお、プラグインによってはChrome拡張機能を使うなど、導入や利用方法が異なるため注意が必要です。

InsightFaceとは

InsightFaceは、Midjourneyで生成した人物モデルの顔を、カメラで実際に撮影した顔に置き換えることができるプラグインです。例えば、ビジネス資料に自分の写真が入った自己紹介のページを用意したいけれど、スーツを着た写真が手元にない場合に、スーツを着た人物モデルの画像を生成してから自分の顔に置き換える、といった活用法が考えられます。

ただし、利用するにはいくつかの注意点があります。他人が撮影した写真、および他人の顔に置き換える場合には、元画像の著作権や肖像権といった権利関係に注意が必要です。また、商用利用はMidjourneyのサブスクリプションに登録しているユーザーのみに限られます。さらに、InsightFaceを使ったことがわかるよう、「Picsi.Ai - Powered by InsightFace」と明記する必要があります。

InsightFaceを導入する

InsightFaceをMidjourneyに導入するには、ソフトウェア開発者向けのソースコード共有・管理サービスである「GitHub」(ギットハブ)で公開されているInsightFaceのページから、Discord botの招待リンクにアクセスする必要があります。以下のWebサイトにアクセスし、[Important Links]から[1. Discord bot invitation link]に表示されているURLをクリックします。

▶GitHub deepinsight / insightface

https://github.com/deepinsight/insightface/tree/master/web-demos/swapping_discord

▶▶▶ GitHub で公開されている InsightFace のページ

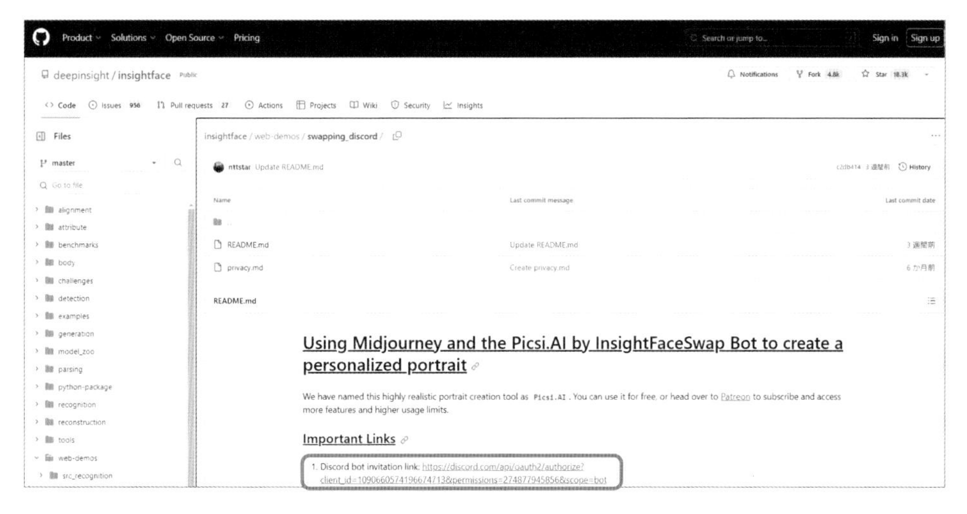

[Important Links]の[1. Discord bot invitation link]に表示されているURLをクリックする

URLをクリックすると、[外部アプリケーション] 画面①に切り替わります。[サーバーに追加] の [▼] をクリックして展開されたメニューから、LESSON 07で追加した自分専用サーバーを選択して [はい] をクリックします。その後、[外部アプリケーション] 画面②が表示されたら、チェックマークはそのままにして [認証] をクリックします。

▶▶▶ [外部アプリケーション] 画面①

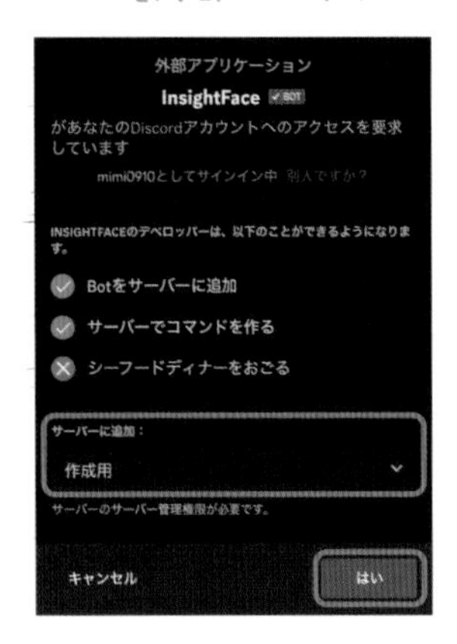

[サーバーに追加] からサーバーを選択して [はい] をクリックする

▶▶▶ [外部アプリケーション] 画面②

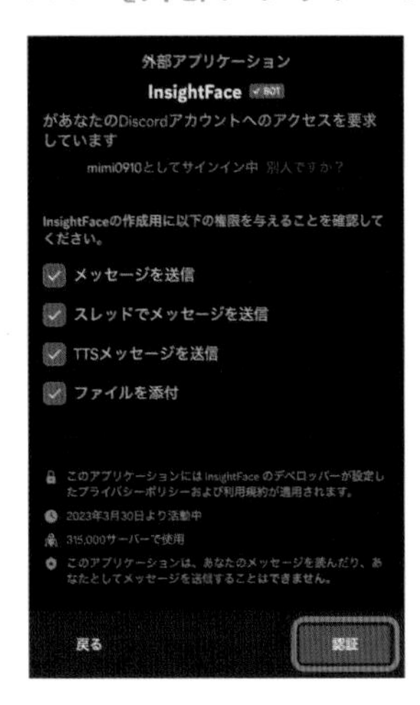

チェックマークはそのままにして [認証] をクリックする

次ページの画面のように [成功！] と表示されたら、[(サーバー名) へ移動] をクリックしてプラグインを追加したサーバーに移動します。

▶▶▶ ［成功！］画面

プラグインが無事に認証された。[（サーバー名）へ移動]をクリックする

サーバーのチャット欄に、以下の画面にあるように「InsightFaceSwapがやってきました。」というメッセージが投稿されていることを確認してください。これで先ほど選択した自分専用サーバーにInsightFaceを導入できました。

▶▶▶ InsightFace が追加された画面

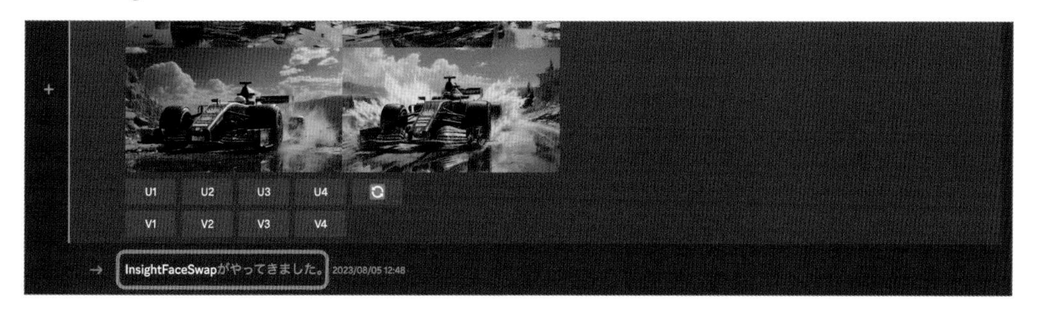

自分専用サーバーにInsightFaceが追加された

InsightFaceで人物の顔を合成する

InsightFaceを使って、生成した人物モデルの画像の顔を置き換えてみましょう。もとになる画像はMidjourneyで生成しますが、今回は次ページの画像を例にします。画像はあらかじめアップスケールしておいてください（LESSON 11を参照）。以降、この画像のことを「合成先」と表現します。

▶▶▶合成先：「街中で笑っている日本人女性」の生成例

japanese girl, smiling, front view, in the city

続いて、生成した人物モデルの顔と入れ替える、実在する人物の写真をDiscordにアップロードします。以降、この写真のことを「合成元」と表現します。チャット入力欄に「/save」と入力すると、コマンドのサジェストに［/saveid］が表示されるため、これをクリックしましょう。

▶▶▶［/saveid］コマンドを表示している画面

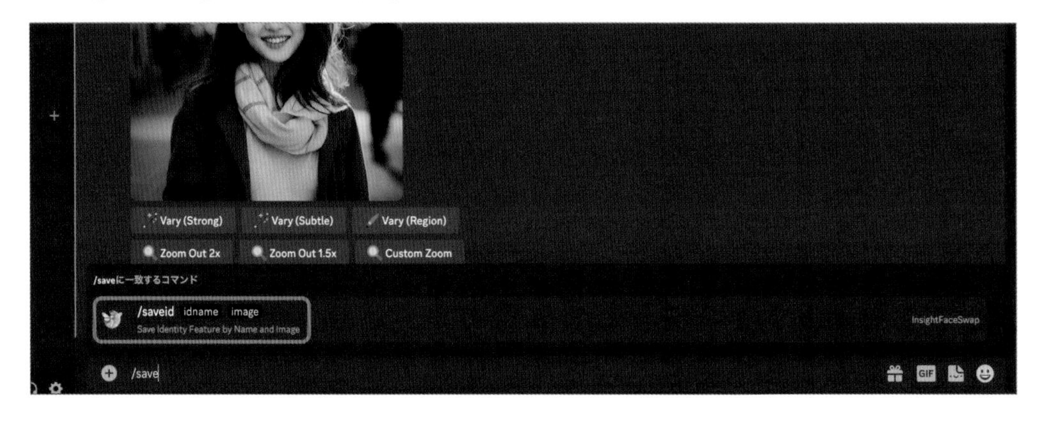

「/save」と入力し、サジェストに［/saveid］と表示されたらクリックする

チャット入力欄に「ファイルを添付してください」と表示されるとともに、［Drag and drop or click to upload file］というメッセージが表示されるので、これをクリックします。その後、ファイルエクスプローラーから合成元の写真を選択、または直接ドラッグ＆ドロップします。

▶▶▶ファイルのアップロード画面

ドラッグ＆ドロップまたはエクスプローラーから画像をアップロードできる

なお、合成元の写真に写っている人物は、メガネや帽子を被っていたり、斜めを向いていたりするとうまく合成できないことがあります。正面を向いて、顔周りがすっきりと写し出された写真を選ぶようにしましょう。今回は以下の写真を合成元として利用します。

▶▶▶合成元：カメラで撮影した写真の例

正面を向き、メガネなどの装飾品がない写真が望ましい

Discord上に合成元の写真をアップロードすると、次ページの画面のようになります。アップロードした写真には、それを識別するために「idname」を付ける必要があるため、チャット入力欄に表示されている［idname］に任意の英数字を入力します。スペースや記号は含められないので注意しましょう。

▶▶▶ アップロード後の写真と「idname」の入力画面

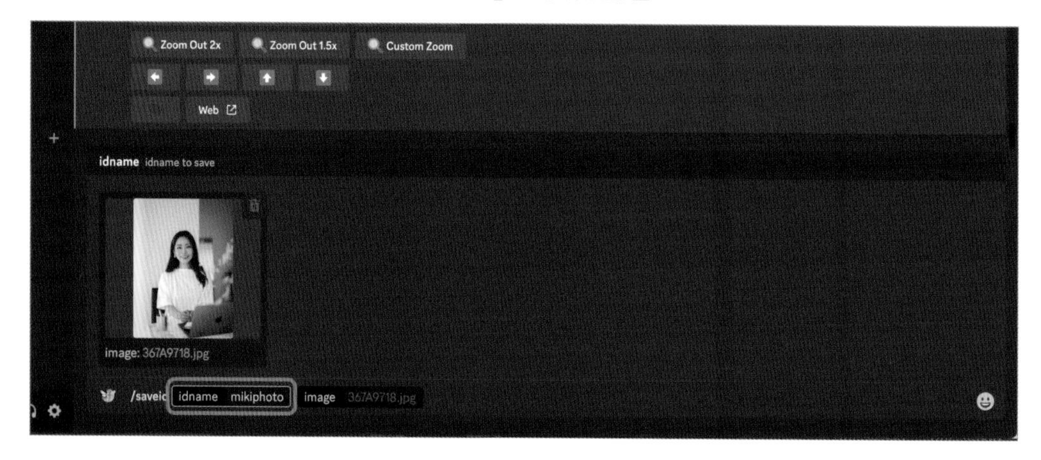

idnameは任意の英数字を自分で付ける必要がある

合成元の写真のアップロード、idnameの付与の2点が完了したら Enter を押してメッセージを投稿します。しばらく待ったあと、以下の画面のように「idname #### created」というメッセージが投稿されていればOKです。

▶▶▶ idname の付与が完了した画面

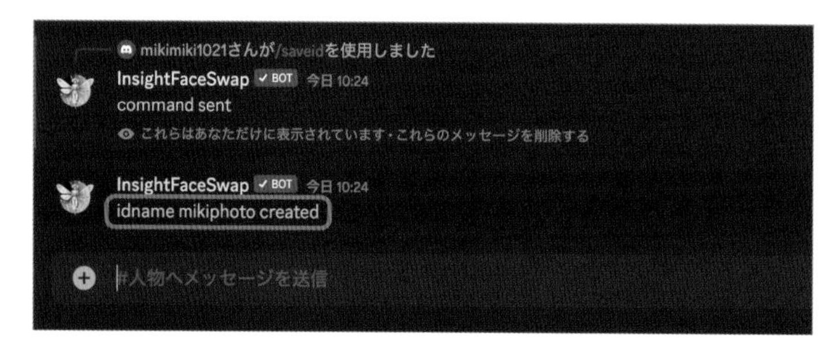

「idname #### created」というメッセージが投稿されていれば成功

それでは、Midjourneyで生成した合成先の画像と、アップロードした合成元の写真の顔を合成していきます。次ページの画面のように先ほどアップスケールした合成先の画像を選択し、❶右上の［…］をクリックします。続いて❷［アプリ］、❸［INSwapper］の順にクリックします。このように手順を進めることで、自動的に合成が開始されます。

▶▶▶ InsightFace を実行する画面

1. 合成先の画像の［…］をクリック
2. ［アプリ］をクリック
3. ［INSwapper］をクリック

以下が合成された画像です。合成したとはわからないくらい、自然に顔を入れ替えることができました。今回は合成元に実在する人物の写真を使いましたが、Midjourneyで生成した画像の人物モデル同士で顔を入れ替えることもできるため、架空の人物でも一貫して同じ顔の画像を生成できるというメリットもあります。

▶▶▶ 顔の合成が完了した画像

Midjourneyで生成した合成先の画像と、アップロードした合成元の写真の顔が違和感なく合成されている
Picsi.Ai - Powered by InsightFace

アニメ風画像の人物の顔を合成する

にじジャーニーで生成したアニメ風画像でも、InsightFaceを利用して人物の顔を合成できます。合成元の写真は実際にカメラで撮影した写真でもOKで、にじジャーニー側でアニメ風に生成・置換したうえで合成してくれます。まずは合成先の画像を、にじジャーニーで生成しておきましょう（LESSON 15を参照）。今回の例では、プロンプトに japanese woman view front face close up を指定しました。実際に入力するテキストは「japanese woman, view front, face close up」で、以下の生成結果が合成先の画像になります。

▶▶▶合成先：アニメ風画像の生成例

にじジャーニーで生成した「日本人女性の正面の顔のアップ」の画像。顔だけを合成するため、顔をクローズアップしている

今回は合成元の写真として、先ほどと同じものを利用します。にじジャーニーの状態にしたまま、同様に写真をアップロードしてInsightFaceを実行してください。合成結果は以下の画像の通りです。写実的な顔が一部合成されていますが、肌の部分にはアニメ風画像と実際の写真との境界が区別できるような違和感はなく、自然といえるレベルで合成できていることがわかります。

▶▶▶顔の合成が完了した画像

にじジャーニーで生成したアニメ風画像でも、
実際に撮影した写真と違和感なく合成できる
Picsi.Ai - Powered by InsightFace

実践編

CHAPTER 13

画像生成AIと著作権

Midjourneyなどの画像生成AIを利用するうえで知っておくべき著作権の知識をまとめます。

執筆：福岡真之介
西村あさひ法律事務所・外国法共同事業
米ニューヨーク州弁護士

実践編

LESSON 51

著作権の基本

#著作権法
#著作物
#著作者人格権

生成AIを誰もが利用できるようになったことで、生成した文章・画像の著作権についての議論が熱を帯びています。著作権の基本をあらためて確認しましょう。

著作権の定義

画像生成AIであるMidjourneyを利用するうえで、気を付けなければならない法律として「著作権法」があります。著作権は「著作物」に発生します。そこで、何が著作物にあたるのかが重要になります。

著作権法は、著作物を「①思想又は感情を、②創作的に、③表現したものであつて、④文芸、学術、美術又は音楽の範囲に属するもの」と定義しています（著作権法2条1項1号）。文章・画像のすべてが著作物として保護されるのではなく、上記①〜④の要件を満たす場合に限って著作物として保護されるのです。文章・画像であっても、著作物でないものは世の中にたくさんあります。上記①〜④の要件を詳しく見ていきましょう。

①思想又は感情

「思想又は感情」は人間の思想・感情であることを意味し、AIはこの要件を満たさないので、AIは著作物を創作できません。「Midjourneyで生成した画像に著作権があるか？」という点においては、この要件を満たすかが問題となります。また、単なる事実も思想・感情ではないため、著作物にはあたりません。

②創造性

「創作的」については、伝統的には、創作者の何らかの個性が表れているかによって判断されます。独創性や高度の学術性・芸術性までは求められておらず、素人が書いた小説や水彩画であっても創作性は認められます。一方、ありきたりの表現については創作性がないので、著作物として保護されません。Midjourneyで、他人が作成したプロンプト文をコピペして、プロンプトに入力する場合、他人のプロンプトに創作性がなければ、著作物ではないので、そもそも著作権の問題は起こりません。

③表現

「表現」については、創作者の「思想又は感情」が具体的な表現の形をとって外部に現れる必要があります。著作権法は具体的な表現を保護対象としており、アイデアそのものを保護の対象外としています。画家やイラストレーターの作風はアイデアなので、著作物として保護されません。

アイデアを保護しないというのは、著作権法の根本にある考え方です。抽象的なアイデアを保護対象とすると、後発の新たな創作・表現活動を妨げてしまうおそれがあるので、アイデアの自由な利用を認めるほうが、具体的な創作・表現の多様化・豊富化につながるという発想で、著作権法は作られています。クリエイターとしてはアイデアや作風を保護してほしいという気持ちがあるかもしれませんが、著作権法はそもそもアイデアや作風を保護する法律ではありません。

④文芸、学術、美術又は音楽の範囲に属するもの

「文芸、学術、美術又は音楽の範囲に属するもの」については、何らかの意味で著作権が保護を意図している文化的所産であれば足りるとされています。この点、衣装・家具・道具といった実用品のデザインなどの「応用美術」といわれるものについては、デザインを保護する意匠法があるため、「美術の範囲」に属せず著作物として保護されないことがあります。もっとも、それらが意匠権として登録されていれば意匠権侵害になることはあり得ます。

著作権と著作者人格権

著作権法は、著作物を創作する者を「著作者」としています（著作権法2条1項2号）[※1]。そして、著作者は著作物を創作した時点で、何の手続きを取らなくても自動的に「著作権」と「著作者人格権」を取得します（著作権法17条1項、2項）。

著作権は著作物の財産的利益を保護し、著作者人格権は著作物に関する人格的利益を保護します（図表51-1）。

図表51-1 **著作権と著作者人格権**

権利の名称	著作権	著作者人格権
権利の種類	財産権	人格権
権利の内容	著作物を独占的・排他的に利用できる権利	著作者の人格的な利益（名誉や感情等）を保護する権利
譲渡・相続	可能（著作権法61条1項）	不可（著作権法59条）
消滅	著作者の死亡後一定期間（原則70年）保護される（著作権法52条）	著作者の死亡によって原則的には消滅。ただし、著作者の死後も、著作者が存しているとしたならばその著作者人格権の侵害となるべき行為をしてはならず、遺族が権利行使可能な場合がある（著作権法60条、著作権法116条1項等）

著作権は、複製（コピー）、公衆送信（アップロード）というように、著作物の利用の形態ごとに権利（＝「支分権」）が定められています。著作物を利用する行為すべてが著作権の対象となるものではなく、著作物を単に眺めるだけなど、支分権の対象となっていない行為をすることに対して著作権は及びません。

著作者人格権としては、公表権（著作権法18条）、氏名表示権（同19条）、同一性保持権（同20条）、名誉・声望を害する方法での著作物の利用されない権利（同113条6項）があります。著作者人格権は人格と結びついているので、著作者に一身専属するものとされており、譲渡できません（著作権法59条）。

著作権（支分権）の対象となる利用や著作者人格権に関する行為をするには、著作者・著作権者[※2]の許諾が必要であり、無断ですると著作権侵害となります。もっとも、後述する「権利制限規定」にあたる場合には、著作者・著作権者の許諾なしで利用できます。なお、第三者が独自に偶然同じ著作物を創作した場合には、その第三者に対して自らの著作権を行使することはできません[※3]。

図表51-2 **著作権と著作者人格権の支分権**

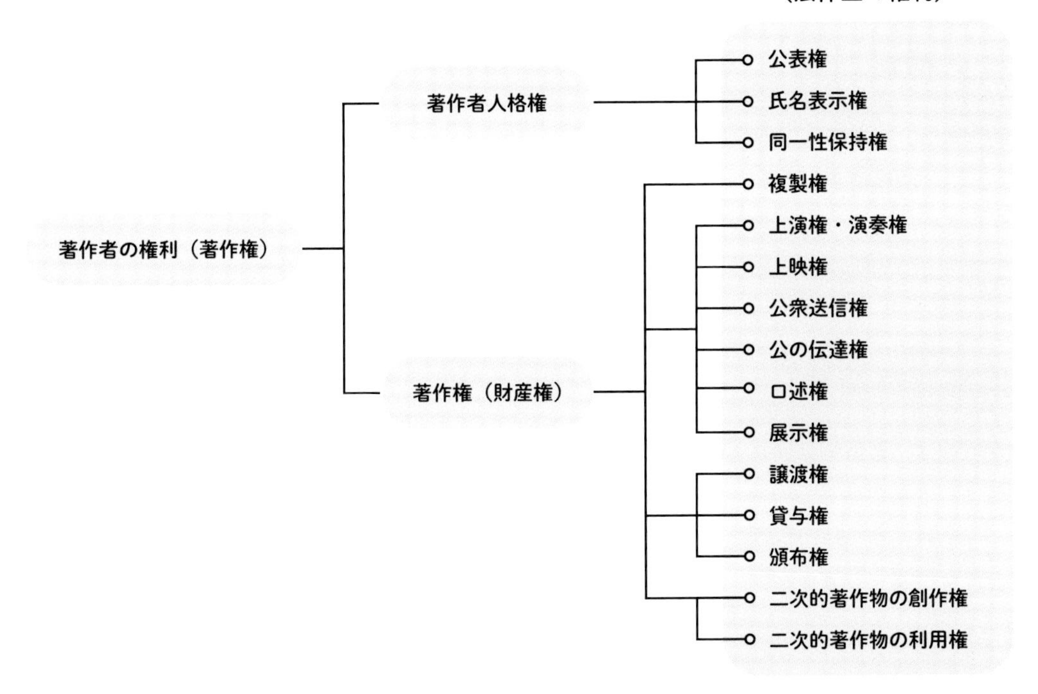

出典：文化庁著作権課「著作権テキスト -令和5年度版-」10頁
https://www.bunka.go.jp/seisaku/chosakuken/seidokaisetsu/pdf/93908401_01.pdf

---

※1　著作権法は、実演家等の権利も保護しています。Midjourneyでは、本書執筆時点では実演家等の権利は問題になることは少ないと考えられるので、ここでは割愛します。

※2　著作権は譲渡が可能なので、著作者と著作権者が異なることがあります。一方で、著作者人格権は譲渡できないので、著作者のみが有することになります。次項以降では、著作権者と簡略化して記載します。

※3　それゆえ、著作権は相対的排他権ともいわれます。

侵害に対する措置

著作権、著作者人格権などの著作権法上の権利を侵害した場合※4には、民事上の救済としては、将来の侵害を予防するための差止請求（著作権法112条）、権利侵害により被った損害の賠償を求めるための損害賠償請求（民法709条）が可能です。また、著作権法違反には刑事罰が科されることがあります。

差止請求

権利者は、著作権法上の権利を侵害する者又は侵害するおそれがある者に対し、その侵害の停止又は予防を請求できます（著作権法112条1項）。また、この請求に付随して、侵害によって作成された物等の廃棄請求等を求めることもできます（著作権法112条2項）。差止請求権は著作権法上の権利侵害がある場合に発生し、侵害者の故意・過失は問題になりません。

損害賠償請求

権利者は、著作権法上の権利を侵害し、損害を与えた者に対して、民法の不法行為責任に基づいて損害賠償請求することができます。不法行為責任については、①権利侵害があったこと、②相手方が侵害を故意又は過失により行ったこと、③具体的な損害額を立証する必要があります。

刑事罰

刑事罰については、著作権等侵害罪にあたる場合には、10年以下の懲役もしくは1,000万円以下の罰金が科されます（著作権法119条1項）。また、法人の業務に関して侵害が行われた場合、その実行行為者のみならず法人も原則として3億円以下の罰金が科せられます（著作権法124条）。

※4　著作権法113条には、侵害とみなされる行為が列挙されています。

国際的な著作権の基本

著作権法は、「条約により我が国が保護の義務を負う著作物」も保護の対象としています(著作権法6条3号)。日本も加盟しているベルヌ条約や万国著作権条約には多くの国が加盟しているため、結果として、これら世界の多くの国の著作物が日本の著作権法の下でも保護されます。

日本国内の裁判所に著作権侵害に基づく差止請求や損害賠償請求がなされる場合、差止請求についてはベルヌ条約5条2項により著作物の「利用行為地」の法が適用されるとする見解が多数説です。また、損害賠償請求についても、著作権侵害の有無については利用行為地の法が適用されるとする説が有力です※5。利用行為地としては、サーバーにアップロード・ダウンロードした場所などが考えられます。

もっとも、インターネットで著作物が国境を超えて利用されるなかで、どの国が著作物の利用行為地なのかはさまざまな見解があり、裁判例の積み重ねもないので、現時点で明確な結論を出すことは難しいといわざるを得ません。

利用行為地とは

利用行為地とは、著作権法や著作権の取り決めにおいて、特定の著作物がどの場所で利用されたかを示すものです。利用行為地の定義や法的な取り決めは国や地域によって異なることがあります。

※5　損害賠償請求は、その性質が不法行為であるとして「法の適用に関する通則法」17条によって「結果発生地」の法が適用されますが、権利侵害の有無という前提条件の判断については上記の見解が有力です。

実践編

LESSON 52

画像生成AIと著作権

#著作権法
#権利制限規定
#画像生成AI

Midjourneyを利用するうえで、私たちは著作権の問題をどのように考え、対策すればいいのでしょうか？ プロンプトと生成した画像について3つの論点で解説します。

画像生成AIにおける著作権の問題

Midjourneyのような画像生成AIにおいて、ユーザーが直面する著作権の問題としては、主に以下の3つが挙げられます。以降で順に解説します。

- プロンプトに他人の文章・画像等を利用してよいか
- 生成した画像に著作権があるか
- 生成した画像の利用は著作権侵害になるか

プロンプトに他人の文章・画像等を利用してよいか

Midjourneyで画像を生成するときに利用するプロンプトに、他人が作成したプロンプト（文章・画像）を入力することは、著作権侵害にならないのでしょうか？

最初に考えなければならないのは、そのプロンプトが著作物にあたるかという点です。前のLESSON 51で解説した著作物の4つの要件を満たさない場合には、そもそも著作物ではないので著作権侵害の問題は発生しません。例えば、**bright sunflower drawn with colored pencils｜色鉛筆で描いたひまわり**というプロンプトについては、創作性の要件を満たさないため、著作物にはあたらないと考えられます。

▶▶▶色鉛筆で描いたひまわりの生成例

プロンプトが創作性の要件を満たさないため、
著作物にはあたらないと考えられる

なお、プロンプトは、コンピューターに一定の機能を実現させる「機能的著作物」にあたります。機能的著作物については、ありきたりの表現であるといった理由などから創作性が否定されることも多く、著作物として認められる範囲は一般的に狭い傾向にあります。

次に、入力する他人のプロンプト（文章・画像）が著作物にあたる場合に、著作権侵害になるのでしょうか？

Midjourneyに他人の著作物を入力する行為は、著作権の支分権の1つである複製（コピー）にあたります。また、ステルスモードで利用していない場合には、多くの人が閲覧可能なDiscord上にアップロードするので、公衆送信（アップロード）にもあたります。著作権者に無断でそれらの行為をすることは、原則として著作権侵害にあたります。

もっとも、著作権者が許諾している場合には著作権侵害になりません。著作物の中には、著作権フリー素材として公開しているものや、有料素材など利用料を支払うことによって利用できる著作物もあります[※1]。これらを利用する場合には、利用規約をよく読む必要があります。例えば、利用規約が商用利用を禁止している場合には、商用利用は利用規約違反となります[※2]。

※1　提供者が、これらの素材などを著作権者に無許諾で提供している場合には、著作権者の許諾を得ているわけではないので、著作権侵害が問題になります。

※2　そのような利用規約が消費者契約法や民法の不当条項規定・公序良俗違反などにより無効になる可能性はありますが、無効になるかどうかは実際のところ予測困難であるため、利用規約を守るのが安全といえます。

なお、Midjourneyの利用規約（Terms of Service）では、Midjourneyで生成された画像やプロンプトを公開設定をしたうえで投稿した場合には、ユーザーは、他人がそれらを利用・改変することを許諾するものとしています。そのため、Midjourney（Discord）上で公開されている画像・プロンプトを利用・改変することについては、著作権者が許諾していることになります。また、著作権法では、一定の「例外的」な場合に著作権等を制限して、著作権者等に無許諾で利用できることを定めています（第30条～第47条の8）。これを「権利制限規定」といいます。

画像生成AIで主に問題になる権利制限規定としては、次に解説する「私的使用のための複製」（著作権法30条）と「著作物に表現された思想又は感情の享受を目的としない利用」（著作権法30条の4）があります。

▶Midjourney Terms of Service

https://docs.midjourney.com/docs/terms-of-service

私的使用のための複製

著作権法30条は「個人的に又は家庭内その他これに準ずる限られた範囲内において使用すること」（「私的使用」）を目的とするときは、一定の場合を除いて、著作物の複製を認めています。

この規定により、他人の著作物であっても、個人だけで楽しむといった私的使用のための複製であれば、無許諾で利用できます。また、同様の目的であれば、翻訳、編曲、変形、翻案することもできます（著作権法47条の6第1項）。

もっとも、著作権法30条は、「複製」を対象としており、公衆送信には適用されません。他人の著作物をWebサイトにアップロードする行為（公衆送信）は、原則に戻って、著作権者の許諾がなければ著作権侵害にあたります。そのため、Midjourneyをステルスモードで利用していない場合には、この権利制限規定にはあたらないことになります。

著作物に表現された思想又は感情の享受を目的としない利用

著作権法30条の4は、「著作物に表現された思想又は感情を自ら享受し又は他人に享受させることを目的としない場合」(「非享受目的」)には、著作権者に無許諾で著作物を利用することを認めています。著作権法30条の4の規定は以下のようになっています。

図表52-1 著作権法30条の4の規定

(著作物に表現された思想又は感情の享受を目的としない利用)
第30の4　著作物は、次に掲げる場合その他の当該著作物に表現された思想又は感情を自ら享受し又は他人に享受させることを目的としない場合には、その必要と認められる限度において、いずれの方法によるかを問わず、利用することができる。ただし、当該著作物の種類及び用途並びに当該利用の態様に照らし著作権者の利益を不当に害することとなる場合は、この限りでない。

一　著作物の録音、録画その他の利用に係る技術の開発又は実用化のための試験の用に供する場合

二　情報解析(多数の著作物その他の大量の情報から、当該情報を構成する言語、音、影像その他の要素に係る情報を抽出し、比較、分類その他の解析を行うことをいう。第47条の5第1項第2号において同じ。)の用に供する場合

三　前二号に掲げる場合のほか、著作物の表現についての人の知覚による認識を伴うことなく当該著作物を電子計算機による情報処理の過程における利用その他の利用(プログラムの著作物にあっては、当該著作物の電子計算機における実行を除く。)に供する場合

この条文を読み解くと、①「情報解析」にあたる場合、または「非享受目的」の場合、②著作権者の利益を不当に害しない場合には、他人の著作物を無許諾で利用することができることになります。「享受」とは、著作物の視聴等を通じて、視聴者等の知的・精神的欲求

を満たすという効用を得ることに向けられた行為で、例えば文章を閲読すること、音楽・映画を鑑賞すること、プログラムを実行することをいいます。

そこで、プロンプトに他人の著作物を入力する場合には、この①②の要件を満たせば、無許諾であっても著作権侵害とはなりません。

まず、①の「情報解析」については、「情報解析」とは「多数の著作物その他の大量の情報から、当該情報を構成する言語、音、影像その他の要素に係る情報を抽出し、比較、分類その他の解析を行うことをいう」と定義されています（著作権法30条の4第2号）。Midjourneyにおいてプロンプトに著作物を入力する場合には、通常は「大量の情報」の入力ではないので「情報解析」にはあたりません。

次に、「非享受目的」については、生成された画像に、プロンプトに入力した他人の著作物の表現の本質的特徴が表現されていない場合には、一般的には非享受目的といえるでしょう。一方で、生成された画像が、プロンプトに入力された他人の著作物の本質的特徴（人気アニメのキャラクターや俳優等）を表現しており、かつ、プロンプト入力時点で、人の知覚による認識を伴う態様での利用が想定されているならば、享受目的があると考えられます。

②の「著作権者を不当に害しない場合」について、どの場合が「不当に害する」のかは議論があります。この点、不当性の有無は、著作権者の著作物の利用市場と衝突するか、将来における著作物の潜在市場を阻害するか、という観点から判断されるとする見解があります。文化庁は、具体例として、大量の情報を容易に情報解析に活用できる形で整理したデータベースの著作物が販売されている場合に、当該データベースを情報解析目的で複製等する行為を挙げています。（文化庁著作権課「デジタル化・ネットワーク化の進展に対応した 柔軟な権利制限規定に関する基本的な考え方」（令和元年10月24日）９頁。）

以上から、他人の著作物をプロンプトに入力することについて、著作権法30条の4の適用があるかないかについては、非享受目的か否かが大きく影響すると考えられます。他人の著作物を何らかの形で享受する目的でプロンプトに入力する場合には、著作権法30条の4は適用されず、その利用には著作権者の許諾が必要です。

生成した画像に著作権があるか

Midjourneyによって生成した画像には著作権があるのでしょうか？

もし、著作権がないならば、他人やあなたがMidjourneyによって生成した画像を勝手に利用したとしても、著作権侵害を主張することはできないことになります[※3]。特に商用利用する場合には、他人によるフリーライドやブランド価値の毀損という問題が生じるおそれがあります。

著作権法は、「人の思想又は感情の創作的表現を保護するもの」とされており、AIは「人」ではないので、AIが生成するものは著作物になりません。一方、人間が「道具」を利用して創作した場合には、人間が著作物を創作したといえます。例えば、コンピューターを使って描いたイラストは著作物になり得ます。

そこで、人間がMidjourneyを使って創作する際、どのような場合に、人間が「AIを道具として利用して創作した」といえるかが問題となります。この点、すなわちコンピューター創作物について、人間による「創作意図」と、創作過程において具体的な結果を得るための「創作的寄与」があれば、コンピューターを道具として創作したとして著作性が肯定されるとする見解が有力です[※4]。

このように、人間のみが創作する場合に限らず、人間がAIを道具として利用した創作にも著作権が発生します。しかし、人間の指示があったとしても、おおまかな指示をするだけというように、人間の創作意図と創作的寄与がない場合には、AIによる創作には著作権は発生しません（次ページの図表52-2）。

※3　著作権侵害を主張できなくても、商標・意匠登録をすることにより権利を保護することが考えられます。
※4　文化庁著作権審議会第9小委員会報告書（1993年11月）

図表52-2 AI創作物と現行知財制度

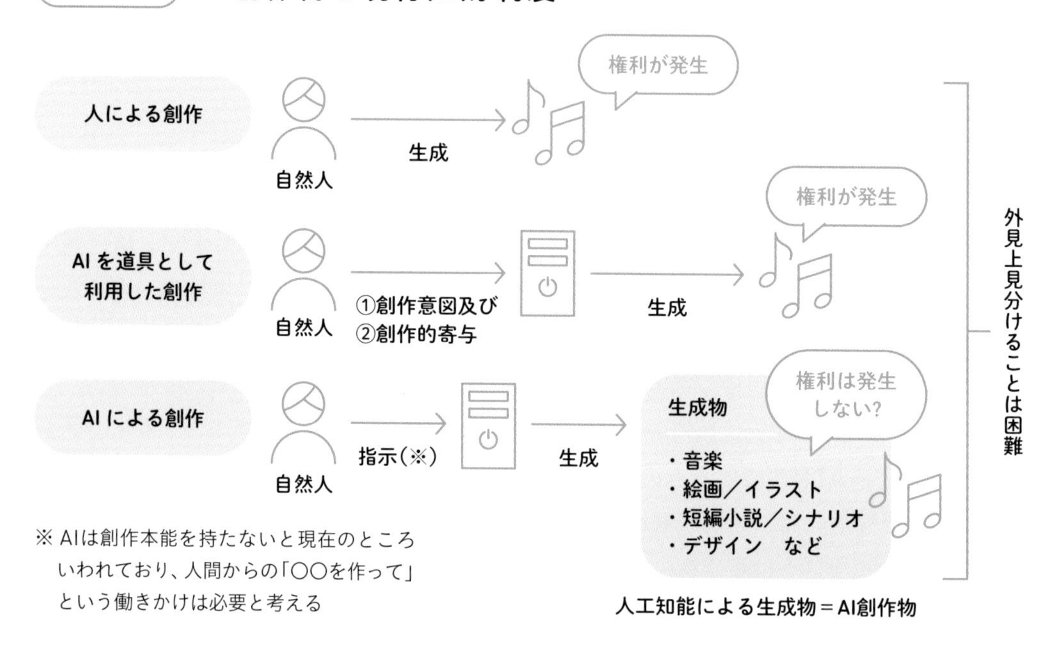

出典：次世代知財システム検討委員会報告書～デジタル・ネットワーク化に対応する 次世代知財システム構築に向けて～
平成28年4月知的財産戦略本部 検証・評価・企画委員会次世代知財システム検討委員会
https://www.kantei.go.jp/jp/singi/titeki2/tyousakai/kensho_hyoka_kikaku/2016/jisedai_tizai/hokokusho.pdf

例えば、人間が、Midjourneyのプロンプトとパラメーターに **a clean white minimalist｜シンプルで白く清潔感のあるミニマリスト** **product｜プロダクト** **a skincare product｜スキンケアプロダクト** **white background｜白背景** **--ar 16:9** と入力し、次ページのような画像を生成した場合、創作意図と創作的寄与があるといえるのでしょうか。このようなプロンプト入力では、単におおまかな指示をしただけであり、人間に創作的意図も創作的寄与もないと考えられ、生成された画像は著作物として認められません。

▶▶▶ 美容クリームの商品イメージの生成例

この程度のプロンプトで生成した画像は通常、著作物として認められない

一方、「プロンプトを工夫した場合」「多数のAI生成物から1つをピックアップした場合」「AI生成物に手を加えて仕上げた場合」に、創作的意図や創作的寄与が認められるかは問題となります。

この点については議論が始まったばかりで不確定要素が多いですが、創作的寄与の判断において、指示・入力（プロンプト等）の分量・内容、生成の試行回数、複数の生成物からの選択、生成後の加筆・修正等が考慮される可能性があります※5。そのため、場合によっては、Midjourneyで生成した画像について著作権が認められる可能性はあります。

いずれにせよ、Midjourneyで生成した画像の著作権を主張したいのであれば、創作活動の過程をできるだけ記録に残し、万が一裁判になった場合には、創作過程を提示することで創作意図・創作的寄与を証明できるようにしておくことが重要です。

なお、Midjourneyの利用規約上、有料会員については、Midjourneyで生成した画像の著作権はユーザーに帰属するものとされています。したがって、有料会員については、生成した画像が著作物として認められるのであれば、ユーザーに著作権が帰属することになります。

※5　文化審議会著作権分科会法制度小委員会（第1回）資料3「AIと著作権に関する論点整理について」5頁

生成した画像の利用は著作権侵害になるか

Midjourneyで生成した画像が他人の著作物と似ている場合、これを利用することは、著作権侵害（複製権・翻案権侵害）となるのでしょうか？

著作権侵害が成立するには、他人の著作物との「類似性」（同一又は類似の表現が作成され）、「依拠性」（他人の著作物に依拠し）が必要です。著作権侵害の判断は以下の図表52-3のプロセスを経ます。

図表52-3 著作権侵害の要件

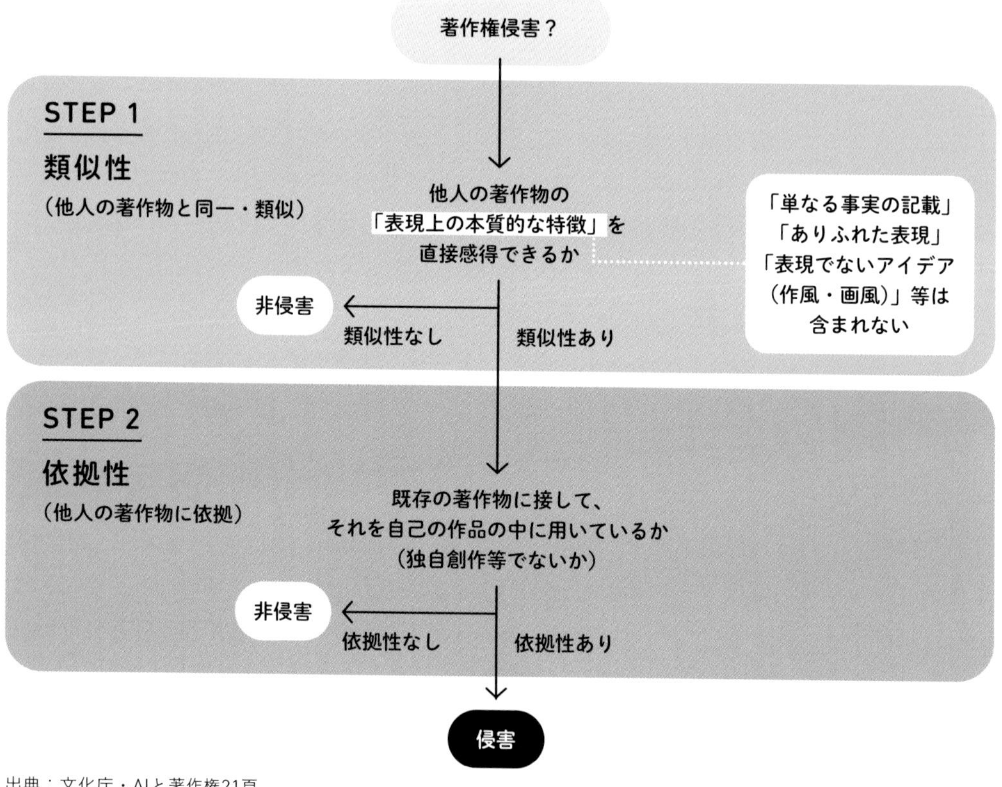

出典：文化庁・AIと著作権21頁
https://www.bunka.go.jp/seisaku/chosakuken/pdf/93903601_01.pdf

類似性

類似性とは、原著作物の「表現の本質的な特徴を直接感得できる」ことをいいます。「創作的表現」が共通していることが必要であり、アイデアなど表現ではない部分、又は創作性がない部分が共通するにとどまる場合は、類似性は否定されます。これまでの裁判例では、類似性を判断する際、次のような要素を考慮している例が多く見られます※6。

- 既存著作物との共通部分が「表現」か、あるいは「アイデア」や「単なる事実」か
- 既存著作物との共通部分が「創作性」のある表現か、ありふれた表現か

依拠性

依拠性とは、他人の著作物に接し、それを自己の作品のなかに用いることをいいます。これまでの裁判例では、次のような要素を総合的に考慮して依拠性を判断している例が多く見られます※7。

- 後発の作品の制作者が、制作時に既存の著作物（の表現内容）を知っていたか
- 後発の作品と、既存の著作物との同一性の程度
- 後発の作品の制作経緯

ユーザーがプロンプトに他人の著作物や作品名・作家名を入力した場合には依拠したことは明確ですが、そうでない場合でも、Midjourneyの学習用データに他人の著作物が入っていた場合に依拠があるといえるのかが問題となります。

この点については、学習用データに入っている以上、依拠しているという見解や、アイデアを利用しているに過ぎないので依拠していないという見解などがあり、議論が分かれています。このように見解が分かれていることや、ユーザーはMidjourneyの学習用データ

※6　文化庁・AIと著作権18頁
※7　文化庁・AIと著作権20頁

の中身について知ることができないため、依拠性が認められるという前提で考えたほうが安全といえます。そうすると、他人の著作物との類似性の有無が著作権侵害となるか否かのポイントとなります。

以上の通り、生成した画像に、他人の著作物との類似性と依拠性があれば、それを利用することは、著作権侵害となります。この点は、商用・非商用を問いません。もっとも、非商用利用の場合には、前述した「私的使用のための複製」（著作権法30条）にあたる可能性があります。ただし、ステルスモードでなければ生成された画像がアップロードされるので、これにあたりません。

また、「著作物に表現された思想又は感情の享受を目的としない利用」（著作権法30条の4）については、生成された画像を利用する場合には、通常、人による享受目的があるので、この規定が適用される場面は限定的です。著作権法30条の4により自由に著作物が利用できるという話を聞きますが、それはAIの学習用データとして著作物を利用する段階の話であり、生成された画像を利用する段階では、著作権法30条の4が適用されるケースはそれほど多くないことに注意する必要があります。

そのため、Midjourneyが生成した画像を利用する場合には、著作権侵害となることを避けるために、他人の著作物との類似性・依拠性をチェックして、類似性・依拠性がないものを利用することが望ましいといえます。

特に商用利用する場合には、著作権侵害を主張されると差止請求によりビジネスが止まることもあるので、念入りにチェックすることが望ましいでしょう。もっとも、依拠性についてはMidjourneyがどのような画像を学習しているかユーザーは知りようがないので、プロンプトに他人の著作物を入力したか否かといったチェックしかできず、現実的には、類似性を中心にチェックすることになります。

なお、Midjourneyで生成した画像の利用については、Midjourneyの利用規約（Terms of Service）も守る必要もあります。利用規約には、Midjourneyの利用に関して次ページに示したコミュニティガイドラインが規定されています。

1. 友好的かつ尊重の精神をもって、他のユーザーとスタッフに接してください。基本的に、無礼や攻撃的な、または虐待的な画像の作成やテキストプロンプトの使用は避けてください。あらゆる形の暴力やハラスメントは許容されません。
2. アダルトコンテンツや過激な表現は禁止です。視覚的にショッキングなコンテンツや不快感を与えるコンテンツの作成は控えてください。一部のテキスト入力は自動的にブロックされる可能性があります。
3. 他人の作品を共有する際は注意が必要です。他人の作品を許可なく公開の場で再投稿しないでください。
4. 政治キャンペーンの画像を生成したり、選挙結果に影響を与える目的で本サービスを使用することは許されません。
5. 共有する際には配慮をしてください。ユーザーがMidjourneyコミュニティ外で作品を共有すること自体は問題ありませんが、他の人がそのコンテンツをどのように受け取るかを考慮してください。

そして、上記のコミュニティガイドラインに違反した場合、Midjourneyのサービスの利用が禁止される可能性があります。また、ユーザーが意図的に他人の著作権を侵害し、その費用をMidjourneyが負担することとなった場合には、Midjourneyはユーザーに対し、弁護士費用も含めてその費用を請求するとされています。

Midjourneyを利用するにあたっては、このCHAPTERで解説した著作権法に留意しながら画像を生成していきましょう。

キーワードINDEX

アルファベット

ア

カ

サ

タ

ナ

ハ

ラ

プロンプトINDEX

数字

ア

カ

サ